PCB 设计速成系列

Altium Designer 17 电子设计速成实战宝典

郑振宇　姚　遥　刘　冲　编著

电子工业出版社

Publishing House of Electronics Industry

北京 · BEIJING

内 容 简 介

本书以 2017 年正式发布的全新电子设计工具 Altium Designer 17.1 工具为基础，全面兼容 16.x、15.x、10.x 各版本。全书共 15 章，内容涉及 Altium Designer 17 软件及电子设计概述、工程的组成及完整工程的创建、元件库开发环境及设计、原理图开发环境及设计、PCB 库开发环境及设计、PCB 设计开发环境及快捷键、流程化设计（PCB 前期处理、PCB 布局、PCB 布线）、PCB 的 DRC 与生产输出、Altium Designer 高级设计技巧及应用、2 层 STM32 开发板的设计、4 层核心板的 PCB 设计、RK3288 平板电脑的设计、常见问题解答集锦。本书内容翔实、图文并茂、通俗易懂，同时书的最后部分详细介绍 3 个实例，让读者将理论与实践相结合，由浅入深，适合读者各个阶段的学习和操作。本书的目的在于使读者看完本书后，按照操作方法就能设计出自己想要的电子图纸，学习电子设计，一本书就够了。

本书可作为高等院校电子信息类专业的教学用书，还可作为大学生课外电子制作、电子设计竞赛的实用参考书与培训教材，并可作为广大电子设计工作者快速入门及进阶的参考用书。随书赠送了 15 小时以上的超长基础视频教程，可以在本书封底扫描二维码或者进入 PCB 联盟网（www.pcbbar.com）直接获取链接下载学习。

图书在版编目（CIP）数据

Altium Designer 17 电子设计速成实战宝典 / 郑振宇等编著. —北京：电子工业出版社，2017.10
（PCB 设计速成系列）
ISBN 978-7-121-32910-4

Ⅰ. ①A… Ⅱ. ①郑… Ⅲ. ①印刷电路—计算机辅助设计—应用软件 Ⅳ. ①TN410.2

中国版本图书馆 CIP 数据核字（2017）第 253777 号

策划编辑：曲 昕
责任编辑：韩玉宏
印　　刷：涿州市般润文化传播有限公司
装　　订：涿州市般润文化传播有限公司
出版发行：电子工业出版社
　　　　　北京市海淀区万寿路 173 信箱　邮编　100036
开　　本：787×1 092　1/16　印张：25　字数：640 千字
版　　次：2017 年 10 月第 1 版
印　　次：2022 年 7 月第 10 次印刷
定　　价：88.00 元

凡所购买电子工业出版社图书有缺损问题，请向购买书店调换。若书店售缺，请与本社发行部联系，联系及邮购电话：（010）88254888，88258888。

质量投诉请发邮件至 zlts@phei.com.cn，盗版侵权举报请发邮件至 dbqq@phei.com.cn。

本书咨询联系方式：（010）88254468，quxin@phei.com.cn。

前　　言

面对功能越来越复杂、速度越来越快、体积越做越小的电子产品，各种类型的电子设计需求大增，学习和投身电子产品设计的工程师也越来越多。但是，由于电子产品设计领域对工程师自身的知识和经验要求非常高，大部分工程师很难做到真正得心应手，在遇到速度较快、功能复杂的电子产品设计时，各类 PCB 设计问题涌现，造成很多项目在后期调试过多，甚至报废，浪费了人力、物力，延长了产品研发周期，从而影响产品的市场竞争力。

作者通过大量调查和实际经验得出，电子工程师的设计困难点有以下几种情况。

（1）刚毕业没有实际经验，软件工具也不是很熟，无从下手。

（2）做过简单的电子设计，但是没有系统设计思路，造成设计后期无法及时优质地完成。

（3）有丰富的电路设计经验，但是无法契合设计工具，无法得心应手。

以 Altium Designer 为工具进行原理图设计、PCB 设计是电子信息类专业的一门实践课程，也是电子设计最常用的设计工具之一。

本书由专业电子设计公司的一线设计工程师和大学 EDA 教师联合编著，包含了作者对使用 Altium Designer 进行原理图设计、PCB 设计的丰富实际经验及使用技巧。本书作者以职业岗位分析为依据，以读者学完就能用、学完就能有竞争力地上岗就业为目标，采用"真实产品为载体"、"实际项目流程为导向"的教学理念，将理论与实践相结合，由浅入深，从易到难，按照电子流程化设计的思路讲解软件的各类操作命令、操作方法及实战技巧，力求给各阶段的读者带来实实在在的干货。

第 1 章　Altium Designer 17 软件及电子设计概述。本章对最新版的 Altium Designer 进行基本概括，包括 Altium Designer 的安装、激活、操作环境及系统参数设置，旨在让读者搭建好设计的平台并高效地配置好平台的各项参数。本章还向读者概述电子设计流程，使读者从整体上熟悉电子设计，为接下来的学习打下基础。

第 2 章　工程的组成及完整工程的创建。新一代 Altium Designer 集成了相当强大的开发管理环境，能够有效地对设计的各项文件进行分类及层次管理。本章通过图文的形式介绍工程的组成及完整工程的创建，有利于读者形成系统的文件管理概念。良好的工程文件管理，可以使工作效率得以提高，这是一名专业的电子设计工程师应有的素质。

第 3 章　元件库开发环境及设计。本章主要讲述电子设计开头的元件库的设计，先对元件符号进行概述，然后介绍元件库编辑器，接着讲解单部件元件的创建方法，也讲解多子件元件的创建方法，并通过 3 个从易到难的实例系统性地演示元件的创建过程。

第 4 章　原理图开发环境及设计。本章介绍原理图编辑界面，并通过原理图设计流程化讲解的方式，对原理图设计的过程进行详细讲述，目的是让读者可以一步一步地根据本章所讲设计出自己需要的原理图，同时也对层次原理图的设计进行讲述，最后以一个实例教程结束，让读者可以结合实际练习，理论联系实际，融会贯通。

第 5 章　PCB 库开发环境及设计。本章主要讲述 PCB 库编辑界面、标准 PCB 封装与异形 PCB 封装的创建方法、PCB 封装的设计规范及要求，还介绍 3D 封装的创建方法，最后概述集成库的创建、离散、安装、移除，方便后期元件及封装的调用，让读者充分理解元件库、PCB 库及它们之间的相互关联性。

第 6 章　PCB 设计开发环境及快捷键。本章主要介绍 Altium Designer 的 PCB 设计工作界面、常用系统快捷键和自定义快捷键，让读者对各个面板及快捷键有一个初步的认识，为后面进行 PCB 设计及提高设计效率打下一定的基础。

第 7 章　流程化设计——PCB 前期处理。本章主要描述 PCB 设计开始的前期准备，包括原理图的检查、封装的检查、网表的生成、PCB 的导入、叠层结构的设计等。只有把前期工作做好了，才能更好地把握好后面的设计，保证设计的准确性和完整性。

第 8 章　流程化设计——PCB 布局。PCB 布局的好坏直接关系到板子的成败，根据基本原则并掌握快速布局的方法，有利于对整个产品的质量把控。本章讲解常见 PCB 布局约束原则、PCB 模块化布局、固定元件的放置、原理图与 PCB 的交互设置及布局常用操作。

第 9 章　流程化设计——PCB 布线。PCB 布线是 PCB 设计当中占比最大的一个部分，是学习重点中的重点。读者需要掌握设计当中的各类技巧，这样可以有效地缩短设计周期，也可提高设计的质量。

第 10 章　PCB 的 DRC 与生产输出。本章主要讲述 PCB 设计的一些后期处理，包括 DRC、丝印的摆放、PDF 文件的输出及生产文件的输出。读者应该全面掌握本章内容，将其应用到自己的设计当中。对于一些 DRC 检查项，可以直接忽略，但是对于书中提到的一些检查项，请引起重视，着重检查，相信很多生产问题都可以在设计阶段规避。

第 11 章　Altium Designer 高级设计技巧及应用。Altium Designer 除了常用的基本操作之外，还存在各种各样的高级设计技巧等待我们挖掘，需要的时候我们可以关注它，并学会它，平时在工作中也要善于总结记录，慢慢地对软件会非常熟悉，电子设计的效率也会有很大的提高。

第 12 章　入门实例：2 层 STM32 开发板的设计。本章选取一个大学期间或者说入门阶段最常见的 STM32 开发板的实例，通过这个简单 2 层板全流程实战项目的演练，旨在让 Altium Designer 初学者将理论和实践相结合，掌握电子设计的最基本操作技巧及思路，全面提升其实际操作技能和学习积极性。

第 13 章　入门实例：4 层核心板的 PCB 设计。很多读者只会绘制 2 层板，没有接触过 4 层板或者更多层数板的 PCB 设计，这对读者从事电子设计工作是很大的一个门槛。为了契合实际需要，本章介绍一个 4 层核心板的设计实例，这可作为一个引子，让读者对多层板设计有一个概念。本章对 4 层核心板的设计流程进行讲解，突出 2 层板和 4 层板的区别和相同之处。因为原理图设计不管是 2 层还是多层的设计都是一样的，所以不再进行详细讲解，本实例主要讲解 PCB 设计。

第 14 章　进阶实例：RK3288 平板电脑的设计。本章选取一个进阶实例，是为进一步学习 PCB 技术的读者准备的。一样的设计流程，一样的设计方法和分析方法，让读者明白，其实高速 PCB 设计并不难，只要分析弄懂每一个电路模块的设计，就可以像庖丁解牛一样，不管是什么产品什么类型的 PCB 都可以按照"套路"设计。

第 15 章　常见问题解答集锦。作者通过整理网友的问询，重点列出设计中常见的 42 个问题，以问答的形式展现出来，借此让读者更形象和生动地吸收本书内容。

本书适合电子技术人员参考，也可作为电子信息工程、自动化、电气工程及其自动化等专业本科生和研究生的教学用书。如果条件允许，还可以开设相应的试验和观摩，以缩小书本知识与工程应用实践的差距。书中涉及电气和电子方面的名词术语、计量单位，力求与国际计量委员会、国家技术监督局颁发的文件相符。

本书由郑振宇、姚遥、刘冲共同编著，期间得到了深圳市凡亿技术开发有限公司郑振凡、黄勇及南华大学电气工程学院陈文光教授的大力支持，他们对相关技术问题提出了宝贵而富有建设性的意见，作者在这里向他们表示衷心的感谢。同时，本书的研究工作得到了河南省科技攻关项目（162102210312）的资助。

由于科学技术发展日新月异，作者水平有限，加上时间仓促，书中难免存在瑕疵，敬请读者给予批评指正。

编著者

2017 年 9 月 19 日

作者简介

郑振宇：深圳市凡亿技术开发有限公司创始人，PCB 联盟网联合创始人，美国硅谷 Tensorcom 企业特聘高级 PCB 设计师；擅长高速通信类、消费电子类 PCB 设计，主要致力于研究 Altium Designer 电子设计及 PCB 设计实战及技巧的拓展应用，具备丰富的电子设计实战经验和工程经验，长期在互联网及电子行业进行技术指导、评审及培训，在业界具有较大影响力，受到业内人士的广泛赞誉。著作《Altium Designer PCB 画板速成（配视频）》&《VR 与平板电脑高速 PCB 设计实战攻略》受到市场一直好评。

姚　遥：周口师范学院物理与电信工程学院教师，主讲"电子工艺学"、"电子设计与实践"、"EDA 技术"。长期从事嵌入式系统应用开发，有多年的电子及 PCB 设计经验。发表论文十余篇，获国家发明专利 4 项、实用新型专利 2 项，主持省级科技攻关项目 1 项，参与多个省级及横向项目研发。

刘　冲：南华大学电气工程学院副教授，博士。主要从事自动控制、核测控技术研究，主持完成湖南省教育厅课题 2 项、衡阳市科研课题 1 项、校级教研教改与科研课题 3 项，曾参与国家自然科学基金项目和湖南省自然科学基金项目，主持完成多项工程项目设计，著有《核电厂数字化仪表与控制系统》，发表学术论文 40 余篇，指导学生参加全国大学生智能汽车竞赛并在赛区多次获奖。

目　　录

第 1 章

Altium Designer 17 软件及电子设计概述

随着电子技术的不断革新和芯片生产工艺的不断提高,印制电路板(PCB)的结构变得越来越复杂,从最早的单面板到常用的双面板再到复杂的多层板,电路板上的布线密度越来越高,同时随着 DSP、ARM、FPGA、DDR 等高速逻辑元件的应用,PCB 的信号完整性和抗干扰性能显得尤为重要。依靠软件本身自动布局布线无法满足对板卡的各项要求,需要电子设计工程师具备更高的专业技术水平,同时因为电子产品的更新换代越来越快,需要工程师们来深挖软件的各种功能技巧,提高设计的效率。

电子产品设计不仅是电子设计工程师的工作内容,更是工程师们的设计激情。然而,如果电子设计工程师的大部分工作时间都在做一些琐碎的工作,那么这些工作会扼杀工程师们的创造力,使工程师们脱离实际设计。Altium Designer 运用创新技术来帮助电子设计工程师脱离这些琐碎工作,更多关注设计本身。在工作中有更多时间专注于创作,就会有更多的设计灵感,重新找回设计激情。

Altium(前身为 Protel 国际有限公司)由 Nick Martin 于 1985 年始创于澳大利亚,致力于开发基于 PC 的软件,为印制电路板提供辅助设计。

Altium Designer 是目前 EDA 行业中使用最方便、操作最快捷、人性化界面最好的辅助工具。电子信息类专业的大学生在大学期间基本上都学过 Protel 99SE,所以学习资源也最广,公司使用 Protel 新人会很快上手。在中国,有 73%的电子设计工程师和 80%的电子信息类专业在校学生正在使用 Altium 所提供的解决方案。

Altium Designer 通过把原理图设计、电路仿真、PCB 绘制编辑、拓扑逻辑自动布线、信号完整性分析和设计输出等技术完美融合,使越来越多的用户选择使用 Altium Designer 来进行复杂的大型电路板设计。因此,对初入电子行业的新人或者电子行业从业者来说,熟悉并快速掌握该软件来进行电子设计至关重要。

工欲善其事,必先利其器。本章将对最新版的 Altium Designer 进行基本概括,包括 Altium Designer 的安装、激活、操作环境及系统参数设置,并对电子设计流程进行概述。让读者在对软件本身了解的基础上再进一步进行学习。

 学习目标

➤ 掌握 Altium Designer 的安装
➤ 掌握 Altium Designer 的激活方法
➤ 掌握系统参数设置及导入导出插件的安装
➤ 熟悉电子设计流程

1.1　Altium Designer 的系统配置要求及安装

1.1.1　系统配置要求

Altium 公司推荐的系统配置如下。

（1）操作系统：Windows 7、Windows 8、Windows 10。

（2）硬件配置如下。

① 至少 1.8GHz 微处理器。

② 1GB 内存。

③ 至少 2GB 的硬盘空间。

④ 显示器屏幕分辨率至少为 1024×768，32 位真彩色，32MB 显存。

1.1.2　Altium Designer 17 的安装

Altium Designer 17 的安装步骤与之前版本的安装基本一致，不同的是，安装程序包在安装的时候提供了更丰富的安装选项，考虑读者自己的需求可以选择性地安装。

（1）下载 Altium Designer 17 的安装包，打开安装包目录，双击"Altium Installer"安装应用程序图标，安装程序启动，稍后出现如图 1-1 所示的 Altium Designer 17 安装向导对话框。

（2）单击安装向导对话框中的"Next"按钮，显示如图 1-2 所示的"License Agreement"注册协议对话框。安装语言可以选择英文、中文及日文，一般推荐直接英文即可。

图 1-1　安装向导对话框　　　　　　　　　图 1-2　注册协议对话框

（3）继续单击注册协议对话框中的"Next"按钮，显示如图 1-3 所示的安装功能选择对话框，选择需要安装的功能。一般选择安装图示箭头指示的"PCB Design"、"Importers\Exporters"两项即可。

（4）继续单击安装功能选择对话框中的"Next"按钮，显示如图 1-4 所示的选择安装路径对话框，选择安装路径和共享文件路径。推荐使用默认设置的路径。

小 助 手 提 示

可选项不安装可以节省一定的安装空间哦！

图 1-3　安装功能选择对话框　　　　　图 1-4　选择安装路径对话框

（5）确认安装信息无误后，继续单击选择安装路径对话框中的"Next"按钮，安装开始，等待 5～10 分钟（如图 1-5 中左图所示），安装即可完成。有些用户电脑应配置要求，会自动安装"Microsoft NET4.6.1"插件。安装之后重启电脑会出现如图 1-5 中右图所示的安装完成界面，表示安装成功。

图 1-5　安装过程及安装完成界面

1.2　Altium Designer 17 的激活

（1）启动 Altium Designer 软件，只有添加 Altium 官方授权的 License 文件之后功能才会被激活使用。在左上角执行菜单命令"DXP-My Account"，出现如图 1-6 所示的账户窗口界面。

（2）选择"Available Licenses-Unlicensed"中的"Add standalone license file"命令添加如图 1-7 所示的 Altium 官方授权 License 文件，完成激活，如图 1-8 所示。

 小 助 手 提 示

　　如果按照以上方法操作，仍然无法正确安装及激活，可以联系作者（QQ: 1598962879　邮箱：zheng.zy@foxmail.com）获取技术支持，协助完成安装及激活。

图 1-6 账户窗口界面 　　　　　　　　　　图 1-7 添加授权 License 文件

图 1-8 激活完成

1.3 Altium Designer 17 的操作环境

相对于 Altium Designer 以前的版本，17 版本给用户提供了一个更加人性化、更加集成化的操作界面环境，如图 1-9 所示，主要包含菜单栏、工具栏、面板控制栏、工作区等，其中工具栏、菜单栏的项目显示会跟随用户操作环境的变化而变化，极大地方便了设计者。

图 1-9 Altium Designer 17 的操作环境

当用户打开 Altium Designer 时，一般会默认显示 3 个常用的面板，其他面板都处于隐藏状态，我们可以通过面板控制区 System 菜单进行面板调用，需要用到哪个面板，就直接勾选哪个即可，常用面板及对应中文示意如图 1-10 所示。

常用面板选项	中 文 示 意
Clipboard	剪切板面板
Favorites	收藏夹面板
Files	文件面板
Libraries	封装库面板
Messages	信息面板
Projects	项目面板

图 1-10　常用面板及对应中文示意

面板是可以活动的，可以自定义位置。如果需要移动某个面板，可以在面板的名称上按住鼠标左键，拖动到屏幕的中央位置，会出现如图 1-11 中箭头所示的吸附引导，拖动状态下鼠标指针放置在吸附引导上面，即可快速完成放置。

同时，有时候为了固定面板的位置方便点选操作，一般会把面板进行锁定，如图 1-12 所示，这个时候可以单击面板右上角的锁定按钮，进行锁定。

图 1-11　面板的拖动与吸附

图 1-12　面板的锁定

1.4　常用系统参数的设置

系统 Preferences 选项卡用于设置系统整体和各个模块的参数，如图 1-13 所示，选项卡左侧罗列出了系统需要参数的设置项目。一般情况下，不需要对整个系统默认参数进行改动设置，只需要对软件的一些常用参数进行设置，以达到使软件快速高效地配置资源的目的，从而更高效地使用软件进行电子设计。

图 1-13　Preferences 选项卡

1.4.1　关闭不必要的启动项

在启动 Altium Designer 的时候,有时候不想自动启动不想要
的页面,执行菜单命令"DXP-Preferences-System-General",找
到"Startup"选项,如图 1-14 所示,可以对其进行相应的勾选。

（1）Reopen Last Workspace:打开上次工作界面。

（2）Open Home Page if no documents open:在没有文档打开
时打开主页。

（3）Show startup screen:显示启动栏。

图 1-14　启动项设置

作者在此建议勾选"Reopen Last Workspace",方便忘记上
次文件路径的情况。

1.4.2　中英文版本切换

执行菜单命令"DXP-Preferences-System-General",找到"Localization"选项,如图 1-15
所示,勾选本地化设置。勾选设置之后,重启下软件即可切换到中文版本,用同样方法再做一
次可切换回英文版本。作者建议采用英文版本来进行设计,因为中文版本目前还没有出完全汉
化的版本,存在一定的 bug。本书以英文版本来进行讲述。

图 1-15　本地化语言资源设置

1.4.3 高亮模式及交互选择模式设置

在执行操作导航的过程中对对象进行选择时，可以对选择对象进行高亮、放大，这可以有效地协助定位选择对象。执行菜单命令"DXP-Preferences-System-Navigation"，找到"Highlight Methods"选项，如图 1-16 所示，勾选需要的高亮模式。一般建议勾选"Zooming"（放大）、"Masking"（高亮）。同时选择匹配选择对象的属性，一般包含"Pins"（管脚）、"Ports"（元件）、"Net Labels"（网表）。

交互选择模式给出了在原理图和 PCB 之间选择对象的能力，在此模式下，当在一个编辑器中选择对象时，另外一个编辑器中与之关联的对象也会被选择，可以很大地简化对对象的选取定位操作。如图 1-17 所示设置交互选择模式及适配对象。

图 1-16　高亮模式设置　　　　　　　　　　图 1-17　交互选择模式设置

1.4.4 文件关联开关

很多初学者有可能误操作，造成文件无法双击关联 Altium Designer 来打开文件，这个时候需要用到 Altium Designer 自带的文件关联选项操作。执行菜单命令"DXP-Preferences-System-File Types"，如图 1-18 所示，选择需要关联的单独或组选项。

图 1-18　文件关联选项的选择

1.4.5 软件的升级及插件的安装路径

Altium Designer 为了不断优化和深化，给用户提供了升级窗口，可以在软件的后台对软件进行升级操作，或者在需要安装一些插件时可以通过软件本身升级获取，或者指定离线安装包进行安装，如图 1-19 所示。

1.4.6 自动备份设置

Altium Designer 提供用户自定义保存选项，谨防在设计时软件崩溃造成设计文件损坏丢失，可以设置系统每隔一段时间自动备份，一般设置为 30 分钟，如图 1-20 所示。不建议设置时间过短，也不建议设置时间过长。时间过短，在设计的时候系统自动保存容易造成卡顿打乱设计者思路；时间过长，万一文件损坏找回的版本太久，造成设计者重复工作。所以，在此也建议读者一定注意时常按快捷键"Ctrl+S"手工保存，配合系统的自动备份功能，有效顺畅地完成设计工作。

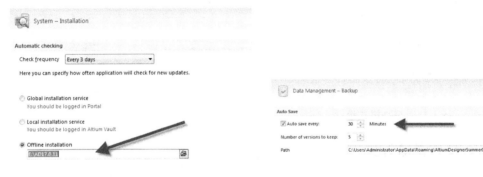

图 1-19　软件的升级及插件的安装路径　　　　　　　图 1-20　自动备份设置

1.5　原理图系统参数的设置

原理图系统参数的设置主要是针对原理图绘制的一个设置，在开启设计之前通常会对原理图的一些默认参数按照经验进行一定的修改设置。为使设计效率更高，此节中没有提到的参数一般采取默认设置即可，提及的参数建议参照设置。

1.5.1 General 选项卡

General 选项卡包含 Altium Designer 原理图的一些常规设置。执行菜单命令 "DXP-Preferences-Schematic-General"，进入如图 1-21 所示的设置界面。为了使读者充分了解常见设置的作用，在此对常见设置进行说明。

（1）Optimize Wires & Buses（导线和总线优化）：这个选项主要针对画线，对于重复绘制的电气导线会进行移除。

（2）Components Cut Wires（元件嵌入导线）：如图 1-22 所示，开启此项设置之后，当移动元件到导线中央时，导线会自动中间断开，把元件嵌入到中间。

（3）Enable In-Place Editing（使能放置编辑）：开启此项设置之后，如图 1-23 所示，可以对绘制区域内的文字直接进行编辑，不再需要进入属性编辑框之后再来编辑，非常方便。

图 1-21　General 选项卡的设置

图 1-22　元件嵌入导线

图 1-23　使能放置编辑

（4）Convert Cross-Junctions（自动生成交叉节点）：开启此项设置之后，在两条导线进行交叉连接时会显示电气节点；反之，不会形成节点，外观上为十字交叉，如图 1-24 所示。一般推荐此项不勾选。

（5）Display Cross-Overs（显示交叉弧）：开启此项设置之后，两条没有电气性能的导线交叉时，会以圆弧形方式显示，如图 1-25 所示。一般推荐此项不勾选。

图 1-24　交叉节点的选取

图 1-25　交叉弧的选取

（6）Drag Orthogonal（直角拖曳）：拖曳不同于移动，拖曳时电气连线和元件一起动，不会破坏以前的电气连接。执行菜单命令"Edit-Move-Drag"可以实现元件拖曳。

Altium Designer 提供选择常用尺寸或者自定义尺寸的选项，可以根据自己的偏好设置默认的纸张大小。

此选项卡按照以上说明进行设置之后，其他可以直接按照图 1-21 采取默认设置即可。

1.5.2 Graphical Editing 选项卡

Graphical Editing 选项卡包含原理图图形设计的相关信息。如图 1-26 所示，进入 Graphical Editing 选项卡的设置界面，对以下 4 个选项进行推荐设置，其他采取默认设置即可。

图 1-26 Graphical Editing 选项卡的设置

（1）Single'\'Negation：单一"\"符号代表负信号，从而使整个网络名的上方出现上画线，如"N\E\T\"表示的信号为"$\overline{NET}$"

（2）Click Clears Selection：单击空白处退出选择状态，有利于在多选环境下退出选择。

（3）Color Option：选择状态的颜色显示，选中元件或文字等时，会显示一个设定颜色的虚线框，以区别选择和非选择状态，如图 1-27 所示。

图 1-27 选择和未选择

（4）Cursor：鼠标显示状态，系统提供 4 种鼠标指针选项，即"Large Cursor 90"（全屏 90°十字指针）、"Small Cursor 90"（小型 90°十字指针）、"Small Cursor 45"（小型 45°斜线指针）及"Tiny Cursor 45（极小的 45°斜线指针）"。在此一般建议设置为"Large Cursor 90"。

1.5.3 Compiler 选项卡

Compiler 选项卡包含在对原理图进行编译时的颜色设置及节点样式设置，如图 1-28 所示。

（1）Errors & Warnings：颜色分为 3 个类别，即"Fatal Error"（严重错误）、"Error"（错误）及"Warning"（警告），一般默认分别设置为红色、浅红色及黄色，对比度高的颜色比较显眼，方便查找定位。

（2）Auto-Junctions：此处设置布线时系统自动生成节点（简称自动节点）的样式，其中有线路节点"Display On Wires"和总线上的节点"Display On Buses"，可以分别设置大小和颜色。对于编译错误提示一般设置为红色，对于自动连线节点或者总线节点一般设置为深红色。

（3）Manual Junctions Connection Status：此处设置手工添加节点（简称手工节点）的状态显示，可以对大小和颜色进行设置。

　　系统自动生成节点和手工添加节点有一定的区别，如图 1-29 所示，手工添加节点的中心带有小的红色"+"。

图 1-28　编译提示颜色设置及节点样式设置　　　图 1-29　系统自动生成节点和手工添加节点

1.5.4 Grids 选项卡

Altium Designer 提供两种网格显示方式，即"Dot Grid"和"Line Grid"，并可以对显示的颜色进行设置，一般推荐设置为"Line Grid"，颜色为系统默认的灰色，同时可以对捕获网格、电气网格与可视网格的大小进行设置，如图 1-30 所示。

1.5.5 Break Wire 选项卡

有时候需要对连接的导线进行断开操作，可以利用 Altium Designer 自带的切割导线功能，对于切割的显示和宽度可以在 Break Wire 选项卡中进行设置，如图 1-31 所示，切割宽度一般设置为线宽的 5 倍。

图 1-30　Grids 选项卡的设置

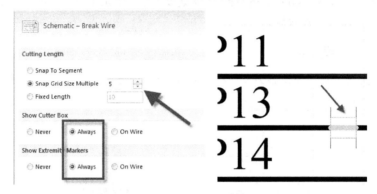

图 1-31　Break Wire 选项卡的设置

1.5.6　Default Units 选项卡

因为公制单位对设计者来说有时候小数点太多很难换算，所以一般按英制单位来设置，英制单位系统提供 mils、inches、Dxp Defaults（10mils）和 Auto-Imperial 这 4 种选择模式。选择 Auto-Imperial 模式之后，当数值大于 500mils 时系统会自动把单位从 mils 转换成 inches。如图 1-32 所示，选择勾选英制单位及选择"Dxp Defaults"模式。

图 1-32　Default Units 选项卡的设置

1.5.7　Default Primitives 选项卡

此选项卡的设置目的在于对常用的元素，如画线宽度、管脚长度等，可以先设置自己偏好的参数，而不用在设计的时候再浪费时间一个个去设置。对于自定义的这些参数也可以单独保存，方便下次进行调用。当然，如果调得比较乱，也可以直接复位到系统安装状态。如图 1-33 所示，展示了设置元素列表及保存和调用的命令按钮。

图 1-33　Default Primitives 选项卡的设置

1.6　PCB 系统参数的设置

对 PCB 系统参数进行设置，有利于高效地执行各项命令，加快设计进程。PCB 系统参数的设置包含对走线、扇孔、敷铜等重要的操作命令的设置。本节所推荐的设置选项为作者多年来进行 PCB 设计总结的比较高效的配置，有一定的参考价值。

1.6.1　General 选项卡

执行菜单命令"DXP-Preferences-PCB Editor-General"，出现如图 1-34 所示的界面，并按照推荐进行设置。

1．Editing Options

推荐勾选以下选项设置。

（1）Online DRC：打开在线 DRC。

（2）Snap To Center：抓取中心。

（3）Smart Component Snap：智能元件抓取。

（4）Remove Duplicates：删除重复。

（5）Click Clears Selection：单击空白处退出选择状态。

图 1-34　General 选项卡的设置

（6）Smart Track Ends：智能移除线段结尾。

2．Other

推荐进行以下设置。

（1）Undo / Redo：填写需要撤销步骤数，默认设置为 30。

（2）Rotation Step：旋转角度，可以输入任意角度值，实现任意角度的旋转，常见为 30°、45°、90°。

（3）Cursor Type：鼠标显示风格，推荐选择"Large 90"风格，方便布局布线对齐操作。

3．Polygon Repour

Repour Polygons After Modification：修改铜皮之后自动敷铜，一般来说这种设置模式会造成设计比较卡顿，建议这里不勾选，在设计时自定义一个快捷键来进行重新敷铜操作。

4．File Format Change Report

Disable opening the report from older versions 及 Disable opening the report from newer versions：这两者的勾选使能，可以去掉烦人的 Html 文档报告。

1.6.2　Display 选项卡

执行菜单命令"DXP-Preferences-PCB Editor-Display"，出现如图 1-35 所示的界面。为了有更好的显示效果，推荐按照如下进行设置。

图 1-35　Display 选项卡的设置

1．Display Options

推荐勾选以下选项设置。

（1）Use Flyover Zoom。

（2）Use Alpha Blending。

（3）Draw Shadows in 3D。

2．Highlighting Options

推荐勾选"Apply Highlight During Interactive Editing"（当走线时使用高亮模式）。

1.6.3　Board Insight Display 选项卡

执行菜单命令"DXP-Preferences-PCB Editor-Board Insight Display"，出现如图 1-36 所示的界面。除了按照箭头所指示的执行勾选之外，其他按照说明进行对应设置。

图 1-36　Board Insight Display 选项卡的设置

1．Pad and Via Display Options

推荐勾选"Use Smart Display Color"（使用自适应颜色设置）。

2．Available Single Layer Modes

推荐勾选以下选项设置。

（1）Hide Other Layers：隐藏其他层。

（2）Monochrome Other Layers：灰暗单色其他层。

 小 助 手 提 示

　　此设置可以在进行单层显示的时候按快捷键"Shift+S"进行切换，有利于走线和查看线路层。

1.6.4　Board Insight Modes 选项卡

　　对 PCB 设计者来说，去掉一些烦人的显示信息，可以有效地提高设计的可视性。一般默认的时候在 PCB 的左上角会有跟随鼠标移动的一些显示信息，但是因为考虑到鼠标的移动性数值测量随时变化，这些信息不太准确，所以可以把这些信息去掉。在如图 1-37 所示的 Board Insight Modes 选项卡界面，将矩形框中的选项去掉使能，完成设置。

图 1-37　Board Insight Modes 选项卡的设置

 小 助 手 提 示

　　如果这里没有设置，在 PCB 设计时可以按快捷键"Shift+H"进行关闭。

1.6.5 Board Insight Color Overrides 选项卡

在 PCB 设计中，会对一些走线网络颜色进行设置，Altium Designer 提供了几种颜色显示方案，有助于设置颜色显示方式。

执行菜单命令"DXP-Preferences-PCB Editor-Board Insight Color Overrides"，出现如图 1-38 所示的界面。为了不因为颜色显示造成设计时眼睛眩晕，推荐按照如下进行设置。

（1）Base Pattern：推荐选择"Solid（Override Color）"（实体覆盖颜色）。

（2）Zoom Out Behaviour：推荐选择"Override Color Dominates"（覆盖颜色优先显示）。

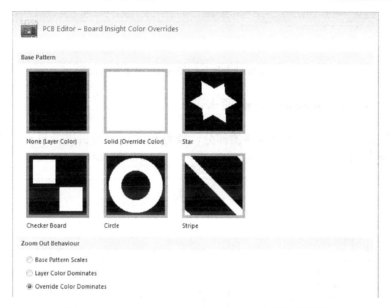

图 1-38　Board Insight Color Overrides 选项卡的设置

图 1-39 提供了不同颜色设置显示的对比图，可以看出按照推荐设置会更加切合我们眼睛的识别。

图 1-39　不同颜色设置显示的对比图

1.6.6 DRC Violations Display 选项卡

同样的道理，对于 DRC 颜色显示也是一样进行设置。执行菜单命令"DXP-Preferences-PCB Editor-DRC Violations Display"，出现如图 1-40 所示的界面，选择"Solid（Override Color）"模式。

图 1-40　DRC Violations Display 选项卡的设置

1.6.7　Interactive Routing 选项卡

走线设置是这些设置中比较重要的部分，推荐按照这里所讲进行设置。执行菜单命令
"DXP-Preferences-PCB Editor-Interactive Routing"，出现如图 1-41 所示的界面，按照图示进行
设置。

图 1-41　Interactive Routing 选项卡的设置

1．Routing Conflict Resolution

请按照图示进行设置。

（1）Ignore Obstacles：忽略障碍物走线。

（2）Push Obstacles：推挤障碍物走线。

（3）Walkaround Obstacles：围绕障碍物走线。

（4）Stop At First Obstacle：遇到障碍物即停止走线。

（5）AutoRoute On Current Layer：自动布线时在当前层走线。

（6）AutoRoute On Multiple Layer：自动布线时在表层或内层走线。

2．Interactive Routing Options

请按照图示进行设置。

（1）Automatically Remove Loops：自动移除回路。

（2）Remove Net Antennas：移除 Stub 线头。

（3）Allow Via Pushing：允许过孔的推挤。

（4）Display Clearance Boundaries：走线保护边界显示。

（5）Reduce Clearance Display Area：减小保护边界的显示。

3．Dragging

请按照图示进行设置。

（1）Ignore Obstacles：拖动状态忽略障碍物。

（2）Unselected via / track-Move：对于没有选择的过孔和导线拖动时只是进行移动。

（3）Selected via / track-Drag：对于被选中了的过孔和导线拖动时进行拖曳和鼠标一起移动。

（4）Component pushing-Ignore：元件在拖动的时候进行忽略障碍物直接拖动。

4．Favorites

偏好设置可以设置自己偏好的线宽大小，如图 1-42 所示，对偏好走线线宽进行添加、修改与删除操作。设置好之后，在设计 PCB 的时候，在走线的状态下可以直接利用系统默认的快捷键"Shift+W"进行调用，变更不同的线宽进行走线，非常方便。当然，设置的线宽必须在设置的线宽规则范围之内，不然不会起作用。一般偏好线宽在 BGA 区域或者是电源线宽的时候比较常见。

1.6.8 True Type Fonts 选项卡

图 1-42　偏好线宽设置

在设计时会发现，有时相同的设计文件，文件的大小不一样，有的文件大，有的文件小，或者有的字体导入进来会成无法认识的乱码字，这个时候都可以在如图 1-43 所示的选项卡界面找下原因。

当想使 PCB 文件变小的时候，可以取消勾选"Embed TrueType fonts inside PCB documents"（嵌入字体到 PCB 文档），再对 PCB 文件进行保存即可。想兼容导入大部分字体的时候可以把此选项勾选使能，下方可以选择需要置换的字体。

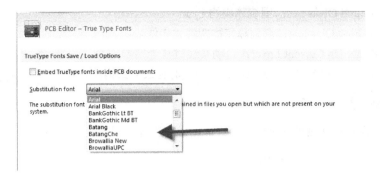

图 1-43　嵌入字体到 PCB 文档的使能设置

1.6.9　Defaults 选项卡

在此选项卡可以对 PCB 设计的一些元素的常见参数进行默认设置，方便 PCB 设计者。执行菜单命令"DXP-Preferences-PCB Editor-Defaults"，出现如图 1-44 所示的界面，可以对系统菜单栏的参数进行默认设置，如过孔、导线、焊盘、铜皮等，对其进行设置之后，在调用某个选项时即默认为此处参数的设置，这对规范设计，有很大的帮助。

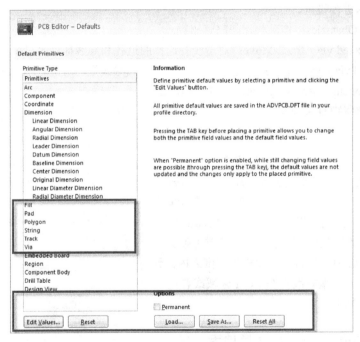

图 1-44　Defaults 选项卡的设置

PCB 默认参数的设置也提供了自定义保存和加载的功能，需要用到的时候直接保存或调用即可。

　小助手提示

一般推荐对最常用的几个（如 Fill、Pad、Polygon、String、Track 和 Via）进行设置，其他的可以在需要的时候进行设置即可。

1.6.10　Layer Colors 选项卡

为了方便对层的快捷识别，**Altium Designer** 提供了丰富的层叠配色。执行菜单命令"DXP-Preferences-PCB Editor-Layer Colors"，可以对 PCB 每一层的颜色进行单独设置。当然，在颜色方案不尽合理的时候可以直接配置 Altium Designer 提供的默认配色。设置好自己的配置也可以单独把自己喜欢的配色自定义保存和调用，如图 1-45 所示。

图 1-45　Layer Colors 选项卡的设置

1.7　系统参数的保存与调用

上文对常用系统参数、原理图系统参数及 PCB 系统参数都进行了自定义设置，假如更换电脑或重装软件来进行操作时，这些设置可以很方便地调用，这就用到了参数保存与调用的功能。

如图 1-46 所示，在前面设置的界面下面都有一个保存及加载栏，可以把当前设置的参数保存到目标文件中，文件名后缀为.DXPPrf。

同样，需要调用时把上面保存的.DXPPrf 文件加载进来即可。Altium Designer 17 也提供了一个从当前电脑的低版本导入设置的选项，如果电脑里面装有低版本的 Altium Designer 软件，"Load From…"这个按钮是可以执行的。

 小助手提示

以上参数的配置作者已经设置好上传 PCB 联盟网论坛，读者可以下载之后直接进行导入，也可以联系作者进行索要，方便快捷。

图 1-46　系统参数的保存与调用

1.8　Altium Designer 导入导出插件的安装

EDA 软件中 Altium Designer 的兼容性是最好的，在其他 EDA 平台设计的原理图、PCB 等文件，有时候会统一到 Altium Designer 平台，或者在 Altium Designer 平台设计的文件需要导入到其他平台，这种时候需要用到导入导出的功能。Altium Designer 提供了丰富的插件安装功能，因为导入导出插件使用次数最多，这里详细给读者介绍怎么安装导入导出插件，如需要其他插件，安装方法类似。

如图 1-47 所示，如果在初始安装软件时对"Importers\Exporters"进行了勾选安装，那么这里的步骤就不需要了。如果没有进行安装，那么可以按照如下步骤进行安装。

（1）如图 1-48 所示，执行菜单命令"DXP-Extensions and Updates"，进入插件安装界面，如图 1-49 所示。

图 1-47　Importers\Exporters 选项

图 1-48　插件安装命令

（2）单击"Configure…"按钮，在出现的"Installed"界面，勾选"Importers\Exporters"栏目下的选项，这里建议全部勾选。

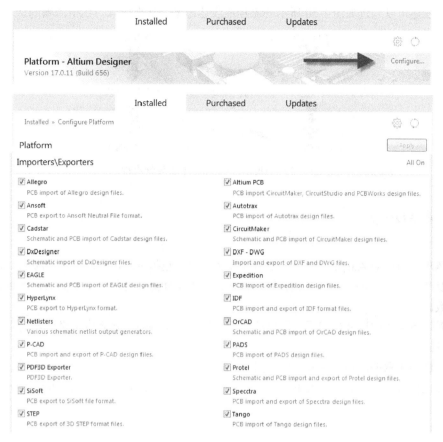

图 1-49　插件安装界面

（3）单击右上角的"Apply"按钮进行执行，系统会提示"是否应用更改并重新启动软件"，单击"OK"按钮，等待几分钟软件重新启动之后，导入导出插件安装完毕。

1.9　电子设计流程概述

前面通过对 Altium Designer 系统参数的讲解，对 Altium Designer 的基本操作环境有了一定的了解，下面来概述电子设计的流程，让读者在整体上对电子设计有一个基本的认识。

从总体上来说，Altium Designer 常规的电子设计流程包含项目立项、元件建库、原理图设计、PCB 建库、PCB 设计、生产文件输出、PCB 文件加工。

（1）项目立项：首先需要确认好产品的功能需求，完成为了满足功能需求的元件选型等工作。

（2）元件建库：根据电子元件手册的电气符号创建 Altium Designer 映射的电气标识。

（3）原理图设计：通过元件库的导入对电气功能及逻辑关系连接。

（4）PCB 建库：电子元件在 PCB 上唯一的映射图形，衔接设计图纸与实物元件。

（5）PCB 设计：交互原理图的网络连接关系，完成电路功能之间的布局及布线工作。

（6）生产文件输出：衔接设计与生产的文件包含电路 Gerber 文件、装配图等。

（7）PCB 文件加工：制板出实际的电路板，发送到贴片厂进行贴片焊接作业。

以上表述可以通过如图 1-50 所示的流程图表达出来，从而可以得到很清晰的认识。

图 1-50　Altium Designer 电子设计流程

1.10　本章小结

本章对最新版的 Altium Designer 进行了基本概括，包括 Altium Designer 的安装、激活、操作环境及 Altium Designer 系统参数设置，旨在让读者搭建好设计的平台并高效地配置好平台的各项参数。

同时，本章还向读者概述了电子设计流程，使读者从整体上熟悉电子设计，为接下来的学习打下基础。

通过学习本章的内容，读者应该掌握 Altium Designer 的安装和系统参数的设置。学习过程中有不懂之处可以到本书的交流论坛——PCB 联盟网（www.pcbbar.com）的 Altium 板块进行发帖交流。

第 2 章

工程的组成及完整工程的创建

新一代 Altium Designer 集成了相当强大的开发管理环境,能够有效地对设计的各项文件进行分类及层次管理。本章通过图文的形式介绍工程的组成及完整工程的创建,有利于读者形成系统的文件管理概念。

 学习目标

➢ 熟悉工程的组成
➢ 熟练创建完整工程
➢ 熟练新建或添加各类文件到工程

2.1 工程的组成

熟悉电子设计流程之后需要对工程的组成进行一定的了解,从而方便更加细致地把握好整个流程设计。如图 2-1 所示,一个完整的工程应该包含元件库文件、原理图文件、PCB 库文件、网络表文件、PCB 文件、生产文件,并且应保证工程里面文件的唯一性,只一份 PCB、一份原理图、一份封装等,一些不相关的文件应当及时删掉。工程所有相关的文件尽量放置到一个路径下面。良好的工程文件管理,可以使工作效率得以提高,这是一名专业的电子设计工程师应有的素质。

图 2-1 工程的组成

为了方便读者对 Altium Designer 中文件的认识,在此罗列出 Altium Designer 电子设计中常见文件的后缀,如表 2-1 所示。

表 2-1 Altium Designer 电子设计中常见文件的后缀

文 件 类 型	文件名后缀	备 注
工程文件	.PrjPcb	
元件库文件	.SchLib	低版本后缀为.Lib
原理图文件	.SchDoc	低版本后缀为.Sch
PCB 库文件	.PcbLib	低版本后缀为.Lib
网络表文件	.NET	
PCB 文件	.PcbDoc	低版本后缀为.PCB

2.2　完整工程的创建

在 Altium Designer 中，工程是单个文件、相互之间的关联和设计的相关设置的集合体，所有文件集合在一个工程下，方便设计时对其集中管理。游离于工程之外的文件称为"Free Documents"，所有针对它的设置及操作和工程无关，设计当中应当尽量避免出现。

2.2.1　新建工程

（1）打开软件，执行菜单命令"File-New-Project..."，如图 2-2 所示，出现如图 2-3 所示的"New Project"窗口。

（2）对新建工程属性进行设置，如图 2-3 所示。

① 工程类型"Project Type"：选择"PCB Project"。

② 工程模板"Project Templates"：选择"Default"。

图 2-2　新建工程

③ 名称"Name"：输入自定义名称（可以中文）。

④ 路径"Location"：保存到自定义目录即可（同样支持中文）。

⑤ Project Kind：选择"Regular"。

设置好之后单击"OK"按钮，一个不带任何其他文件的"工程"就已经创建好了。

图 2-3　对新建工程属性进行设置

（3）如图 2-4 所示，如果对新建工程路径或者名称不满意，在新建工程文件上单击鼠标右键，可以通过执行"Save Project As..."命令重新更换保存路径或者名称；可以通过执行"Close Project"命令关闭工程，然后再重新创建即可。

图 2-4　工程路径或者名称的变更与工程的关闭

2.2.2　已存在工程文件的打开与路径查找

（1）在设计当中可能需要打开已存在的工程文件，这个时候可以执行菜单命令"File-Open…"，也可以单击标准工具栏中的按钮 ，出现如图 2-5 所示的窗口，选择工程文件（.PrjPcb 后缀），单击"打开"按钮，即可打开已存在的工程文件。

图 2-5　已存在工程文件的打开

（2）有时候在打开的工程文件中，需要查找工程在电脑中存放的位置，可以在工程文件上单击鼠标右键，执行右键下拉菜单中的"Explore"命令，如图 2-6 所示，直接打开存放路径。这种方法可以加快定位，方便管理文件。

2.2.3　新建或添加元件库

1．新建元件库

（1）执行菜单命令"File-New-Library-Schematic

图 2-6　工程文件的路径查找定位

Library"，如图 2-7 中左图所示，即可创建一个新的元件库。

（2）单击工具栏中的按钮 ⊞ 或按快捷键"Ctrl+S"，保存新建的元件库及更改元件库的名称，如图 2-7 中右图所示。

图 2-7　元件库的新建及保存

2．已存在元件库的添加与移除

（1）经常需要把已存在的元件库（公司或个人总结统一的库）添加到已存在的工程目录下，方便调用。可以在工程文件上单击鼠标右键，执行右键下拉菜单中的"Add Existing to Project..."命令，如图 2-8 所示，选择其需要添加的元件库，然后保存一下工程即可完成添加。

（2）同样，当不需要某个元件库存在于当前工程目录下的时候，可以在需要移除的元件库上单击鼠标右键，执行右键下拉菜单中的"Remove from Project..."命令，如图 2-9 所示，即可移除相应的元件库。

图 2-8　添加到工程　　　　　　　　　图 2-9　移除出工程

2.2.4　新建或添加原理图

1．新建原理图

（1）执行菜单命令"File-New-Schematic"，即可创建一页新的原理图。

（2）执行"保存"命令，把新建的原理图命名之后添加到当前工程中。

2．已存在原理图的添加与移除

同已存在元件库的添加与移除一样，可以对已存在原理图进行添加与移除操作。

2.2.5 新建或添加 PCB 库

1. 新建 PCB 库

（1）执行菜单命令"File-New-Library-PCB Library"，即可创建一个新的 PCB 库。

（2）执行"保存"命令，把新建的 PCB 库命名之后添加到当前工程中。

2. 已存在 PCB 库的添加与移除

同已存在元件库的添加与移除一样，可以对已存在 PCB 库进行添加与移除操作。

2.2.6 新建或添加 PCB

1. 新建 PCB

（1）执行菜单命令"File-New-PCB"，即可创建一个新的 PCB。

（2）执行"保存"命令，把新建的 PCB 命名之后添加到当前工程中。

2. 已存在 PCB 的添加与移除

同已存在元件库的添加与移除一样，可以对已存在 PCB 进行添加与移除操作。

上述文件创建并保存之后，一个完整的工程就已经创建好了。工程包含了文件和文件之间的关联信息，对文件的本地存储要求不再体现，但是为了方便后期的维护，建议把工程所有相关的文件存放在同一个目录下面，如图 2-10 所示。

Altium Designer 采用工程来对所有的设计文件进行管理，设计文件应该加入到工程中。单独的设计文件称为"Free Documents"，选中这种文件，直接利用拖曳的方式向上或向下拖动加入到已存在的工程中，如图 2-11 所示。

图 2-10　工程中文件的关联及文件的本地存储　　　图 2-11　"Free Documents"的拖曳

2.3　本章小结

通过对工程的组成及完整工程的创建介绍，让读者充分了解一个完整工程需要的元素，并清楚这些文件的创建方法。

良好的工程文件管理，可以使工作效率得以提高，这是一名专业的电子设计工程师应有的素质。

第 3 章

元件库开发环境及设计

在用 Altium Designer 绘制原理图时，需要放置各种各样的元件。Altium Designer 内置的元件库虽然很完备，但是难免会遇到找不到所需要的元件的时候，因此在这种情况下便需要自己创建元件了。Altium Designer 提供了一个完整的创建元件的编辑器，可以根据自己的需要进行编辑或者创建元件。本章将详细介绍如何创建原理图元件库。

 学习目标

➤ 熟悉元件库编辑器
➤ 熟练掌握单部件元件的创建
➤ 熟悉多子件元件的创建

3.1 元件符号的概述

如图 3-1 所示，元件符号是元件在原理图上的表现形式，主要由元件边框、管脚（包括管脚序号和管脚名称）、元件名称及元件说明组成，通过放置的管脚来建立电气连接关系。元件符号中的管脚序号是和电子元件实物的管脚一一对应的。在创建元件的时候，图形不一定和实物完全一样，但是对于管脚序号和名称，一定要严格按照元件规格书中的说明一一对应好。

图 3-1　元件符号的组成

3.2 元件库编辑器

3.2.1 元件库编辑器界面

元件库设计是电子设计中最开始的模型创建，通过元件库编辑器画线、放置管脚、放置矩形等编辑操作创建出需要的电子元件模型。如图 3-2 所示，这里对元件库编辑器界面进行初步介绍，整个界面可分为若干个工具栏和面板。Altium Designer 元件库编辑器提供丰富的菜单及绘制工具。

1. 菜单栏

（1）File（文件）：主要用于完成对各种文件的新建、打开、保存等操作。

图 3-2　元件库编辑器界面

（2）Edit（编辑）：用于完成各种编辑操作，包括撤销、取消、复制及粘贴。

（3）View（查看）：用于视图操作，包括窗口的放大、缩小，工具栏的打开、关闭及网格的设置、显示。

（4）Project（工程）：主要用于对工程的各类编译及添加、移除，在元件库编辑器界面中一般用得少。

（5）Place（放置）：用于放置元件符号，是元件库创建用得最多的一个命令菜单。

（6）Tools（工具）：为设计者提供各类工具，包括对元件的重命名及选择等功能。

（7）Reports（报告）：提供元件符号检查报告及测量等功能。

（8）Window（窗口）：改变窗口的显示方式，可以切换窗口的双屏或者多屏显示等。

2．工具栏

工具栏是菜单栏的延伸显示，把操作频繁的命令提供窗口按钮（有时也称图标）显示的方式。为了方便读者认识工具栏中的功能按钮，作者把最常用的功能按钮列于表 3-1 中。

表 3-1　工具栏中的功能按钮

功 能 按 钮	功 能 说 明	功 能 按 钮	功 能 说 明
	新建		打开
	保存		打印
	打印预览		放大
	缩小		剪切
	复制		框选

功 能 按 钮	功 能 说 明	功 能 按 钮	功 能 说 明
┼	移动	⠶	取消选择
↖	撤销	↗	重新执行

3．绘制工具栏

通过这个工具栏，可以方便地放置常见的 IEEE 图形、线条、圆形、矩形等建模元素，如图 3-3 所示。根据作者的设计经验，在元件建库时，⟋Place 命令是用得最多的，在此介绍一下相关功能按钮，如图 3-3 中右图和表 3-2 所示。

图 3-3　绘制工具栏中的建模元素

表 3-2　Place 命令的说明

功 能 按 钮	功 能 说 明	功 能 按 钮	功 能 说 明
⟋	线条	∏	弧度曲线
◠	圆环	⬠	多边形框
A	放置文字	▤	新建元件
⎓	创建子件	▢	矩形多边
▢	圆形多边	◯	椭圆
🖼	插入图片	⌐	管脚

4．工作面板

1）Components（元件）栏

Components（元件）栏如图 3-4 所示。

（1）Place（放置）：把选定的元件放置到当前的原理图中。

（2）Add（添加）：在当前库中添加一个元件。

（3）Delete（删除）：删除当前选中的元件。

（4）Edit（编辑）：编辑当前选中的元件。

2）Pins（管脚）栏

Pins（管脚）栏如图 3-5 所示。

（1）Add（添加）：为当前元件添加一个管脚。

（2）Delete（删除）：把当前元件选中的管脚进行删除。

（3）Edit（编辑）：编辑当前选中的管脚属性。

图 3-4　Components（元件）栏

图 3-5　Pins（管脚）栏

3）Model（模型）栏

Model（模型）栏如图 3-6 所示。

图 3-6　Model（模型）栏

（1）Add（添加）：给当前元件添加模型属性（封装模型或者仿真模型等）。

（2）Delete（删除）：删除当前元件的模型。

（3）Edit（编辑）：编辑当前元件的模型。

3.2.2　元件库编辑器工作区参数

创建元件之前一般习惯对其工作区进行一定的参数设置，从而更有效地进行创建。执行菜单命令"Tools-Document Options"，进入元件库编辑器工作区参数编辑窗口，如图 3-7 所示，并按照图示进行设置。

图 3-7　元件库编辑器工作区参数设置

（1）Show Border：显示边界。

（2）Show Hidden Pins：显示隐藏的管脚，用来设置是否显示库元件的隐藏的管脚，若选中，则显示隐藏的管脚，一般进行勾选。

（3）Grids：网格设置，提供捕获网格和可视网格两种设置，一般两者都是设置为10。

3.3 单部件元件的创建

1. 添加或新建新元件

在元件库编辑器界面的右下角执行点选命令"SCH-SCH Library"，调出元件的工作面板，单击 Components（元件）栏中的"Add"按钮，添加一个新元件；或者执行菜单命令"Tools-New Component"，新建一个新元件，如图 3-8 所示。

图 3-8 添加或新建新元件

2. 对新元件命名

新建之后，可以对新元件进行命名，或者执行菜单命令"Tools-Rename Component"重命名，如图 3-9 所示。

图 3-9 对新元件命名

 小 助 手 提 示

元件命名时一般取名为元件的型号，如 TPS54550、AT89C51、STM32。

3. 绘制元件符号边框并设置其属性

1）绘制元件符号边框

（1）单击绘制工具栏中的快捷按钮□，如图 3-10 中左图所示，鼠标指针变成十字形并附着一个矩形框显示在工作区中。

（2）移动鼠标到合适的位置，单击左键，确定元件符号矩形边框的一个顶点，继续移动鼠标到合适的位置单击，确定元件符号矩形边框的对角顶点，单击鼠标右键或者按"Esc"键退出放置状态，如图 3-10 中右图所示。

图 3-10　绘制元件符号边框

2）矩形框属性设置

放置完毕后，可以选中矩形框对边框的大小进行调整。双击矩形框，可以对其属性进行设置，如图 3-11 所示，建议勾选"Draw Solid"（对矩形框进行填充），"Border Width"（边界线宽）选择"Smallest"。

图 3-11　矩形框属性设置

对于不同的设置选项，读者可以设置不同的值测试下显示效果。

4．放置管脚并设置其属性

1）放置管脚

（1）单击绘制工具栏中的快捷按钮，如图 3-12 中左图所示，鼠标指针变成十字形并附着一个管脚符号。

（2）移动鼠标到合适的位置，单击左键完成放置，单击右键或者按"Esc"键退出放置状态。

（3）放置管脚时，一端会出现一个"×"表示管脚的电气特性，有电气特性的一端需要朝外放置，用于原理图设计时连接电气走线，如图 3-12 中右图所示。

（4）在放置的过程中可以通过空格键来调整方向。

2）管脚属性设置

在放置的过程中按"Tab"键或者放置完毕后双击，可以对管脚属性进行设置，如图 3-13 所示，在此对管脚属性设置进行介绍。

图 3-12 放置管脚

图 3-13 管脚属性设置

（1）基本属性栏：用来设置管脚名称、管脚序号、电气类型等基本属性。

① Display Name：管脚名称，方便设计者对信号功能的识别，如"VCC"、"GND"、"USB_DM"。

② Designator：管脚序号，和 PCB 封装管脚唯一匹对的序号，如"1"、"2"、"3"……或极性元件的"A"、"K"等。

③ Visible：可视，建议都进行勾选，方便设计者识别。

④ Electrical Type：电气类型。

● Input：输入管脚，用于输入信号。

● I／O：输入／输出管脚，既有输入信号又有输出信号。

● Output：输出管脚，用于输出信号。

● Open Collector：集电极开路管脚。

● Passive：无源管脚。

- Hiz：高阻抗管脚。
- Open Emitter：发射极管脚。
- Power：电源管脚。

（2）符号栏：用来设置管脚符号。

共包括 4 项，各个参数默认均为"No Symbol"，表示管脚符号没有特殊设置。

（3）绘图参数：用来设置管脚的位置、长度、颜色等属性。

① Location：位置，描述管脚的位置，这个位置一般用鼠标放置即可，不用单独去设置。

② Length：长度，对管脚长度进行设置，一般对于管脚密度大的设置到"15"，对于比较稀松的设置到"30"，这个需要设计者根据自己原理图网格和实际情况进行取舍。

③ Orientation：旋转角度，一般默认设置为"0 Degrees"，实际设计中可以按空格键进行旋转。

④ Color：颜色，可以对管脚颜色进行设置，默认设置为黑色。

5. 元件属性设置

上述步骤按照要求做好之后，图形元素基本就绘制完毕了，这个时候需要对绘制好的这个元件的属性进行设置。

在元件库面板列表中选中这个元件，然后执行菜单命令"Tools-Component-Properties"，打开元件属性设置对话框，或者在元件库面板中双击该元件名称也可以打开该对话框。

（1）基本属性栏：包含元件位号、Comment 值、描述等，如图 3-14 所示。

① Default Designator：元件位号，即识别元件的编码，常见的有"C?"、"R?"、"U?"。

② Default Comment：一般用来填写元件的大小参数或者型号参数，相当于 Value 值的功能。

③ Description：描述，用来填写元件的一些备注信息，如元件型号、高度参数等。

（2）图形显示栏：对于"Show All Pins On Sheet（Even if Hidden）"（显示隐藏的管脚）选项，一般需要显示的时候就勾选，不需要显示的时候不勾选即可，如图 3-15 所示。

图 3-14　基本属性栏设置　　　　　　　　图 3-15　图形显示栏设置

（3）参数量：如图 3-16 所示，Altium Designer 提供元件的一些自定义参数量填写功能，单击"Add..."按钮，可以给该元件增加一条参数信息。常见的参数量为"Vendor"（供应商信息）、"MPN"（物料编码）、"Value"等。

（4）模型：如图 3-17 所示，元件需要和 PCB 封装、仿真或者结构相关联，可以在此处添加相关联的模型结构，单击"Add..." 按钮，可以选择添加 PCB 封装模型、PCB 的 3D 模型等，同时也可以对已存在的进行移除或者编辑操作。

图 3-16 参数量设置   图 3-17 模型设置

3.4 多子件元件的创建

当一个元件封装包含多个相对独立的功能部分（部件）时，可以使用子件。原则上，任何一个元件都可以被任意地划分为多个部件（子件），这在电气意义上没有错误，在原理图的设计上增强了可读性和绘制方便性。

子件是属于元件的一个部分，如果一个元件被分为子件，则该元件至少有两个子件，元件的管脚会被分配到不同的子件当中。下面来讲述一下多子件元件的创建方法。

（1）按照单部件元件的创建方法创建此类 IC 的一个功能板块。

（2）在面板列表中选中此元件，执行菜单命令"Tools-New Part"（或按快捷键"TW"），会生成两个子件"Part A"和"Part B"，如图 3-18 所示。

（3）根据第（2）步的操作方法可以创建出"Part C"、"Part D……"

（4）对于元件属性设置，双击总的元件，进行设置即可，不需要单个再来设置，如图 3-19 所示。

图 3-18 子件的创建   图 3-19 元件属性设置

3.5 元件的检查与报告

对于元件的创建是否符合规范或者想知晓自己创建的元件的信息，可以通过元件的检查与报告这个功能来实现。

1. 元件的检查

（1）打开 SCH Library（元件库）面板，选中元件库中需要检查的元件。

（2）执行菜单命令 "Reports-Component Rule Check..."。

（3）选择需要检查的报告选项，如图 3-20 所示。

① Duplicate-Component Names：重复的元件名称。

② Duplicate-Pins：重复的管脚。

③ Missing-Description：元件描述未填写。

④ Missing-Pin Name：管脚名称未填写。

⑤ Missing-Footprint：元件封装未填写。

⑥ Missing-Pin Number：元件管脚号未填写。

⑦ Missing-Default Designator：元件位号未填写。

⑧ Missing-Missing Pins in Sequence：在一个序列的管脚号码中缺少某个号码。

 小 助 手 提 示

一般来说，设置如图 3-20 所指示的几项即可，其他的选项在需要用到的时候再进行勾选检查即可。

2. 元件的报告

（1）打开 SCH Library（元件库）面板，选中元件库中需要检查的元件。

（2）执行菜单命令 "Reports-Component"，即可给出该元件的相关信息，如图 3-21 所示。

图 3-20　元件检查报告选项

图 3-21　元件信息报告

3.6 元件库创建实例——电容的创建

实践是检验真理的唯一标准。通过前面介绍的元件的创建方法学习了如何创建元件库，下面通过从易到难的实例来巩固所学内容。

（1）执行菜单命令 "File-New-Library-Sch Library"，创建一个新的元件库。

（2）在元件库面板的元件栏中，单击"Add"按钮，添加一个名称为"CAP"的新元件。

（3）执行菜单命令"Place-Line"，放置两条线，代表电容的两极，如图3-22（a）所示。

（4）执行菜单命令"Place-Pin"，在放置状态下按"Tab"键，对管脚属性进行设置，管脚名称和管脚序号统一为数字1或2，上下分别放置管脚序号为"1"、"2"的管脚，如图3-22（b）、（c）所示。

（5）由于对于这类电容，管脚不需要进行信号识别，对于管脚名称可以双击它，然后把"Display Name"的"Visible"可视选项前的钩去掉，这样可以有更加清晰的显示效果，如图3-22（d）所示。

（6）如果想要这个电容有极性，那么可以根据实际的管脚情况，用菜单命令"Place-Line"或者"Place-Text String"绘制极性标识，如图3-22（e）所示。

图3-22　电容的绘制过程

（7）双击名称为"CAP"的元件，对其元件属性进行设置，如图3-23所示，位号设置为"C?"，Comment值填写为"10μF"，描述填写为"极性电容"，模型选择为"Footprint"，并填写名称为"3528C"。到这步即完成了电容元件的创建。

图3-23　电容元件属性设置

3.7　元件库创建实例——ADC08200的创建

ADC08200为24管脚IC，管脚信号分为电源、模拟地、数字地及数据传输信号，如图3-24所示。

（1）执行菜单命令"Tools-New Component"，新建一个名称为"ADC08200"的元件，如

图 3-25 所示。

图 3-24　ADC08200　　　　　　　图 3-25　新建元件

（2）单击绘制工具栏中的快捷按钮□，绘制一个空白的矩形框，如图 3-26 所示。

（3）执行菜单命令"Place-Pin"，在放置状态下按"Tab"键，分别按照如图 3-27 所示的管脚名称和管脚序号设置管脚属性并放置，管脚长度为默认"30"。

图 3-26　绘制空白的矩形框　　　　　　图 3-27　在矩形框上放置管脚

小助手提示

对于很多管脚的放置，可以先在编辑器界面随机位置放置好，然后利用 Altium Designer 提供的对齐操作命令进行快速对齐，如图 3-28 所示，以达到快速放置的目的。

图 3-28　排列与对齐

不管是元件还是管脚，都可以利用这个方法来进行快速放置。实际应用中会结合网格来进行利用。

（1）Align: 对齐。

（2）Align Left: 向左对齐。

（3）Align Right: 向右对齐。

（4）Distribute Horizontally: 水平等间距。

（5）Align Top: 向上对齐。

（6）Align Bottom: 向下对齐。

（7）Distribute Vertically: 垂直等间距。

（4）双击该元件，对其元件属性进行设置，如图 3-29 所示，位号设置为"U?"，Comment 值填写为"ADC08200"，描述填写为"模数混合 IC"，方便识别，模型选择为"Footprint"，从查询的资料中选出相应的封装，填写为"MTC24"，即可完成此元件的创建。

图 3-29 ADC08200 元件属性设置

3.8 元件库创建实例——放大器的创建

原则上，任何一个元件都可以被任意地划分为多个子件，如图 3-30 所示，芯片 74HC00 中的 4 个与非门，可以分别创建一个子件。

（1）分析子件管脚的分配，如图 3-31 所示，74HC00 可以根据 4 个与非门的独立功能划分为 4 个子件。

图 3-30 74HC00　　　　　　　　　　图 3-31 子件管脚的分配

（2）执行菜单命令"Tools-New Component"，新建一个名称为"74HC00"的元件。

（3）利用绘制多边形命令"Place-Polygons"绘制一个三角形，如图3-32所示。

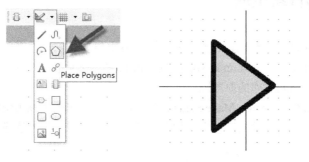

图3-32　绘制三角形

（4）放置 Part A 规划的管脚，可以按照三角的方式放置，对于公用的 VCC 和 GND 管脚也可以放置在这个子件里面，如图3-33所示。

（5）执行菜单命令"Tools-New Part"，分别创建 Part B、Part C、Part D。

（6）按照第（1）步功能模块的分类及第（3）、（4）步的创建方法分别绘制好元件内容，如图3-34所示。

图3-33　Part A 的管脚放置　　　　　　　图3-34　Part B、Part C、Part D

（7）双击该元件，对其元件属性进行设置，如图3-35所示，位号设置为"U?"，Comment值填写为芯片型号"74HC00"，模型选择为"Footprint"，从查询的资料中选出相应的封装，填写为"SSOP14"，即可完成此多子件元件的创建。

图3-35　74HC00 元件属性设置

3.9　元件库的自动生成

假设目前已经拥有了一份设计完成的原理图，对于里面的元件库需要进行收藏或者调用该怎么处理呢？通常直接利用 Altium Designer 提供的自动生成元件库的功能生成一个。

（1）打开需要导出元件库的原理图。

（2）执行菜单命令"Design-Make Schematic Library"，如图 3-36 所示。

（3）因为有些元件有相同的库参考，但是由于元件内部所填写的信息不一样，所以会提示相应的选择提示项，如图 3-37 所示。

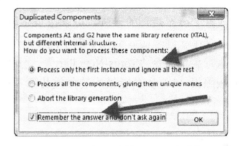

图 3-36　元件库的自动生成　　　　图 3-37　重复元件的处理方式选择

① Process only the first instance and ignore all the rest：仅处理第一个，其他的忽略。

② Process all the components，giving them unique names：处理所有的元件，并给予唯一的名称。

③ Abort the library generation：中断库的生成。

因为参数方面可以在设计原理图的时候分别填写，一般选择第一项即可。同时，勾选"Remember the answer and don't ask again"（所有的元件都执行第一项，不再询问）。

　小　助　手　提　示

　　对于多页原理图，可以把这些原理图都添加到一个工程里面，再来执行上述操作，这样生成的元件都在一个元件库里面。

3.10　元件的复制

有时候会自己根据需求创建元件，有时候由于之前的积累已经存在了很多元件，可能需要把已存在的元件复制到一个元件库里面来。

之前有网友的做法是，在元件库里面直接新建，然后把已存在的元件的图形组件（包括图形和管脚）复制过来。这种方法的劣势是对于元件参数无法进行复制，需要再自行核对之后输入，工作量非常庞大。下面介绍一个快速的复制元件的方法。

（1）在元件库编辑器界面的右下角执行命令"SCH-SCH Library"，如图 3-38 所示，进入元件列表。

（2）单击选择或按住"Shift"键多选需要进行复制的元件。单击鼠标右键，单击"Copy"，如图 3-39 所示。

（3）在需要复制到的元件库的元件列表中，单击鼠标右键，执行"Paste"（粘贴）命令，如图 3-40 所示，完成元件的复制。

图 3-38　执行 SCH Library 命令　　　图 3-39　元件的复制　　　图 3-40　元件的粘贴

3.11　本章小结

本章主要讲述了电子设计开头的元件库的设计，先对元件符号进行了概述，然后介绍了元件库编辑器，接着讲解了单部件元件的创建方法，也讲解了多子件元件的创建方法，并通过 3 个从易到难的实例系统性地演示了元件的创建过程。最后讲述了元件库的自动生成和元件的复制。

对于此章中涉及的一些实例，由于作者水平有限，可能描述得不是很生动，为了解决这个问题，作者会给大家录制一些小的实战演示视频加深理解，可以联系作者进行获取。

第4章

原理图开发环境及设计

原理图，顾名思义，就是表示电路板上各元件之间连接原理的图表。在方案开发等正向研究中，原理图的作用是非常重要的，而对原理图的把关也关乎整个电子设计项目的质量甚至生命。由原理图延伸下去会涉及 PCB Layout，也就是 PCB 布线，当然这种布线是基于原理图来做成的，通过对原理图的分析及电路板其他条件的限制，设计者得以确定元件的位置及电路板的层数等。

本章从原理图编辑界面、原理图设计准备开始，一步一步地讲解原理图设计的整个过程，读者只需要按作者的流程来，就可以熟练掌握整个原理图设计的过程，完成自己的原理图设计。

 学习目标

➤ 熟悉原理图开发环境
➤ 熟练掌握元件的放置方法
➤ 熟练掌握电气导线等常规设计的操作方法
➤ 掌握原理图的全局编辑
➤ 了解层次原理图的设计
➤ 掌握原理图的编译与检查
➤ 掌握原理图的打印输出

4.1 原理图编辑界面

按照前面第 2 章原理图的创建方法，执行菜单命令"File-New-Schematic"，创建一页新的原理图，进入如图 4-1 所示的原理图编辑界面。

原理图编辑界面主要包含菜单栏、工具栏、绘制工具栏、面板栏、编辑工作区等。

1. 菜单栏

（1）File（文件）：主要用于完成对各种文件的新建、打开、保存等操作。

（2）Edit（编辑）：用于完成各种编辑操作，包括撤销、取消、复制及粘贴。

（3）View（查看）：用于视图操作，包括窗口的放大、缩小，工具栏的打开、关闭及网格的设置、显示。

（4）Project（工程）：主要用于对工程的各类编译及添加、移除。

（5）Place（放置）：用于放置电气导线及非电气对象。

图 4-1　原理图编辑界面

（6）Tools（工具）：为设计者提供各类工具。

（7）Reports（报告）：为原理图提供检查报告。

（8）Window（窗口）：改变窗口的显示方式，可以切换窗口的双屏或者多屏显示等。

2．工具栏

工具栏是菜单栏的延伸显示，把操作频繁的命令提供窗口按钮显示的方式。按钮认识可以参考第 3 章中的按钮介绍表格。

4.2　原理图设计准备

在设计原理图之前对原理图页进行一定的设置，可以提高设计原理图的效率。虽然在实际的应用中，有时候不进行准备设置也没有很大关系，但是基于设计效率的提高，推荐读者进行设置。

4.2.1　原理图页大小的设置

（1）执行菜单命令"Design-Document Options..."或者双击默认原理图页的边缘，如图 4-2 所示。

（2）通过第（1）步进入原理图页参数设置界面，在右上角可以从 Altium Designer 提供的"Standard Style"（标准风格）中选择合适的页面大小，如果标准风格中没有需要的尺寸，可以选择勾选下面的"Use Custom style"使用自定义风格，"Custom Width"处可以定义原理图页的宽度，"Custom Height"处可以自定义高度，如图 4-3 所示。

图 4-2　原理图页大小的设置

图 4-3　页面大小的参数设置

（3）一般来说，这个自定义尺寸是画完原理图之后根据实际需要来定义的，这样可以让原理图不至于过大或者过小。

4.2.2　原理图网格的设置

网格的设置有利于放置元件及绘制导线的对齐，以达到规范和美化设计的目的。

1．网格大小的设置

执行菜单命令"Tools-Schematic Preferences-Grids"，可以进入如图 4-4 所示的 Grids 选项卡。

Altium Designer 提供两种网格显示方式，即"Dot Grid"和"Line Grid"，并可以对显示的颜色进行设置，一般推荐设置为"Line Grid"，颜色为系统默认的黑色，同时可以对捕获网格、电气网格与可视网格的大小进行设置，如图 4-4 所示。参数建议设置为 5 的倍数。

2．可视网格显示开关

执行菜单命令"View-Grids-Toggle Visible Grid"，如图 4-5 所示，可以对可视网格进行显示或者关闭操作，可以按此命令在开和关之间进行切换。熟悉之后可以按组合快捷键"VGV"

进行显示的开与关。

图 4-4　Grids 选项卡的设置

图 4-5　可视网格显示的开与关

3. 捕获网格的设置

执行菜单命令"View-Grids-Set Snap Grid...",如图 4-6 所示,可以对捕获网格进行设置,一般设置值为 5 的倍数,推荐设置为 10。

图 4-6　进行捕获网格设置

这个网格的设置,应该和元件库里面的网格一致,这样可以保证连接导线的时候不会出现偏移的现象。

4.2.3　原理图模板的应用

Altium Designer 提供一种"半成"的原理图,称为模板,默认包含了设计当中的标题栏、外观属性的设置,方便开发人员直接调用,大大地提高了效率。

1. 打开系统默认模板

Altium Designer 提供丰富的模板,主要放置在安装目录下面的 Templates 文件夹下,如图 4-7 所示,执行菜单命令,完成打开操作就可以查看模板的效果。

2. 自定义模板

在实际项目中,需要用到符合自己设计的模板,这个时候需要自定义模板。

图 4-7　模板文件

（1）执行菜单命令"File-New-Schematic"，新建一个原理图页，命名为"Demo.SchDot"，保存到自己的文件目录下。

（2）按照自己的需求并根据 4.2.1 节和 4.2.2 节中介绍的原理图页参数的设置和网格的设置设置好各项参数保存。

（3）在原理图页的右下角，可以利用菜单命令"Place-Line"和"Place-Text"，绘制一个个性化的标题栏，包含自己设计所需要的信息，如图 4-8 所示。在不会绘制的情况下，可以根据系统的模板来进行修改保存即可。

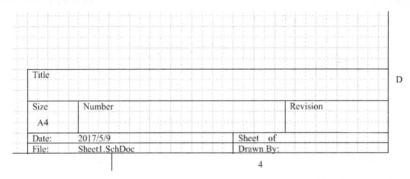

图 4-8　标题栏的绘制

3．模板的调用

1）系统模板的调用

执行菜单命令"Design-Templates-General Templates"，选择显示的模板，如图 4-9 所示，选择之后会弹出一个模板更新提示框"Update Template"，选择适配的范围更新即可。

（1）Choose Document Scope：选择使用模板的文档范围。

① Just this document：仅应用到当前文档。

② All schematic documents in the current project：应用到当前工程中的所有文档。

③ All open schematic documents：应用到当前打开的所有文档。

（2）Choose Parameter Actions：选择是否需要更新参数动作。

① Do not update any parameters：不更新任何参数。

② Add new parameters that exist in the template only：只增加模板中新增的参数。

③ Replace all matching parameters：替换全部的匹配参数。

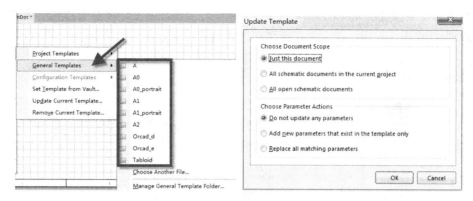

图 4-9　系统模板的调用

2）自定义模板的调用

如果要调用之前保存的"Demo.SchDot"，可以执行菜单命令"Design-Templates-General Templates-Choose Another File…"，如图 4-10 所示，选择保存目录下的"Demo.SchDot"文件，并按照"1）系统模板的调用"中的更新范围和参数选项进行更新即可。

4．模板的删除

如果设计当中考虑到保密或者有不需要的模板时，可以对模板进行删除。执行菜单命令"Design-Templates-Remove Current Template…"，可以删除当前使用的模板，如图 4-11 所示。

图 4-10　自定义模板的调用

图 4-11　模板的删除

4.3　元件的放置

元件库创建好之后，需要把创建好的元件放置到原理图中来，正式开始进行电路设计。

4.3.1　放置元件

放置元件，需要先装载或者打开创建的元件库，可以通过执行右侧面板栏中的"Libraries"进行装载。

（1）在 Libraries 面板中选择装载好的元件库"DEMO.SCHLIB"，如图 4-12 所示。

（2）选择需要放置的元件，如"74HC595"，这个时候面板右上角的放置按钮会变成"Place 74HC595"，单击该按钮，就可以在原理图区域放置这个元件了，如图4-13所示。

图4-12　选择装载好的元件库　　　　　　　　图4-13　放置元件

放置元件的方法有多种，除了上面的放置方法外，还有3种方法可以完成放置。

（1）选中要放置的元件，单击鼠标右键选择执行"Place 74HC595"命令，如图4-14所示。

（2）选中要放置的元件，双击这个元件，如图4-15所示。

图4-14　右键放置元件　　　　　　　　图4-15　双击放置元件

（3）执行菜单命令"Place-Part..."（快捷键"PP"），会弹出一个属性设置对话框，如图4-16所示，"Physical Component"处会记忆上次放置的元件，如果需要再次放置，单击"OK"按钮执行放置即可，同时对"Designator"及"Comment"进行设置，可以在放置的时候进行设置，也可以以后再编辑，后面将进行详细讲解。

如果需要放置其他元件，可以单击Place Part界面中的"Choose"按钮，选择自己需要放置的元件，如果需要放置的元件还没有，也可以更换元件库再来放置，如图4-17所示。

图 4-16　执行菜单命令放置元件

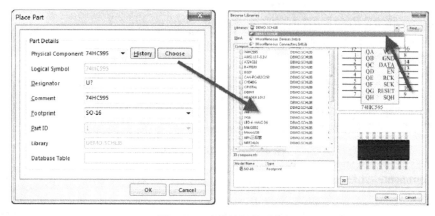

图 4-17　元件放置的选择

4.3.2　元件属性的编辑

电路图中的每一个元件都有相应的属性，这些属性表示该元件有关的信息，包括固有参数和用户自定义参数两类。固有参数是 Altium Designer 运行时必需的参数，如元件编号、元件参数值、PCB 封装。自定义参数一般包含生产厂商、物料编码等。元件属性的编辑是通过打开元件属性对话框来进行的，如图 4-18 所示。

有 4 种方法可以打开元件属性对话框。

（1）当元件选取后被放置到原理图页，光标是十字状态的时候，按"Tab"键打开属性对话框。

（2）元件放置后可用鼠标左键双击元件打开属性对话框。

（3）单击元件并按住鼠标左键不放，同时按"Tab"键打开属性对话框。

（4）执行菜单命令"Edit-Change"，光标会变成十字光标，将光标移到元件上单击打开属性对话框。

1．Properties 区域

该区域用来设置元件的基本属性（固有参数）。

（1）Designator：元件位号，元件的唯一标识，用来标识原理图中不同的元件，常见的有"U？"（IC 类）、"R？"（电阻类）、"C？"（电容类）、"J？"（接口类）。"Visible"用来选择是否可见。"Locked"用来选择是否可更改。

图 4-18　元件属性对话框

（2）Comment：元件注释，通常用来设置元件的大小参数，如电阻的阻值、电容的容值、IC 的芯片型号。

（3）Description：描述，用来填写元件的功能描述，如"数模转换 DAC"、"逻辑器件；移位寄存器；串转并"等，或者直接填写元件芯片型号，这个根据设计者的实际需要进行填写。

（4）Unique Id：唯一的 ID，系统的标识码，这里可以不用填写，默认即可。

2．Parameters 区域

该区域用来设置一些元件的非电气参数量（自定义参数），如元件的生产厂商、元件规格等。单击"Add…"按钮，进入如图 4-19 所示的参数量设置界面，"Name"处用来填写参数量的名称，"Value"处用来填写相对应的参数，"Visible"用来选择是否可见，"Lock"用来选择是否可更改。

3．Models 区域

该区域用来添加元件所需要使用的模型：Footprint（PCB 封装模型，是原理图映射到 PCB 的模型）、Simulation（仿真模型）、PCB3D（PCB 的 3D 模型）、Signal Integrity（信号完整性分析模型）等。

通过单击"Add…"按钮来添加自己需要的模型，如图 4-20 所示，一般来说用到的基本是 PCB 封装模型这一项。

（1）添加完成之后，会弹出一个模型设置对话框，如图 4-21 所示，需要给出 PCB 封装模型的名称，如"SO-16"、"0402R"、"SOT23-5"等。

（2）同时，需要对路径进行设置：如果 PCB 封装库在本工程下面，路径设置可以选择"Any"让其进行任意匹配，只要 PCB 封装库里面有这个名称的封装，它就会匹配上来；反之，可以通过指定库路径来匹配。如果匹配到了封装，"Selected Footprint"属性框中就会有其封装预览。

图 4-19　参数量设置

图 4-20　模型设置

图 4-21　封装模型的添加及路径设置

4.3.3　元件的选择、移动、旋转及镜像

对原理图工程师来说，元件的选择、移动及旋转命令是原理图设计当中使用频率最高的，熟练掌握这些命令的使用方法，有助于设计效率的提高。

1．元件的选择

1）单选

直接用鼠标左键单击即可实现单选操作。

2）多选

（1）按住"Shift"键，多次单击需要选中的元件，或者在元件范围外单击之后拖动，进行多个元件的框选，即完成多选操作。

（2）执行按键命令"S"，弹出选择命令菜单，如图 4-22 中左图所示，然后选择相应的菜

单命令选项。选择命令功能描述如图 4-22 中右表所示。选择命令激活之后，鼠标变成十字光标，可进行多个元件的多选操作。

Lasso Select	滑动选择，Altium Designer 17 的新功能，如图4-23所示
Inside Area	框选，框选区域内的都被选中
Outside Area	反选，框选区域外的都被选中
Touching Line	线选，线条碰到的元件都被选中
Connection	选择网络，网络名称相同的都被选中
All	选择所有，原理图页的所有元件都被选中

图 4-22　选择命令菜单及选择命令功能描述

图 4-23　Altium Designer 17 的新功能——滑动选择（Lasso Select）操作

2．元件的移动

（1）移动鼠标指针到元件上面，按下鼠标左键不动，直接拖动。

（2）单击选中元件，执行按键命令"M"，选择"Move Selection"，单击鼠标左键进行移动。选择"Move Selection by X, Y…"，可以在 X、Y 轴上进行精准的移动，如图 4-24 所示。其他常用的移动命令释义如下。

图 4-24　元件的移动

① Drag：拖曳，在保持元件之间电气连接不变的情况下移动元件的位置。

② Move：移动，类似于拖曳，不同的是在不保持电气性能的情况下移动。

③ Drag Selection：拖曳选中对象，适合多选之后进行保持电气性能的移动。

3．元件的旋转

为了使电气导线放置更合理或元件排列整齐，往往需要对元件进行旋转操作，Altium Designer 提供几种旋转的操作方法。

（1）单击鼠标左键选中元件，然后在拖动元件的情况下按空格键，进行旋转。每执行一次旋转一次。

（2）单击选中元件，执行按键命令"M"，选择旋转命令。

① Rotate Selection：逆时针旋转选中元件，每执行一次旋转一次，和空格键旋转功能一样。

② Rotate Selection Clockwise：顺时针旋转选中元件，同样可以多次执行，快捷键为"Shift+空格键"。

元件的旋转状态如图 4-25 所示。

图 4-25　元件的旋转状态

4．元件的镜像

原理图只是电气性能在图纸上的表示，可以对绘制图形进行水平或者垂直翻转而不影响电气属性。单击鼠标左键，在拖动元件的状态下按"X"键或者"Y"键，实现 X 轴镜像或者 Y 轴镜像，如图 4-26 所示。

图 4-26　元件的 X 轴镜像与 Y 轴镜像

4.3.4　元件的复制、剪切及粘贴

Altium Designer 提供类似 Windows 一样的复制、剪切及粘贴功能，非常方便。总体上来说分为直接法及递增法。

1．直接法

选中需要复制的元件，执行菜单命令"Edit-Copy"或者按快捷键"Ctrl+C"，完成复制操作。

2．递增法

同样先需要选中元件，如三极管 Q1，在按住"Shift"键的情况下拖动，如图 4-27 所示，每拖动一次会复制一个三极管，但是位号会进行"+1"递增。如果想让递增幅度加大，可以在原理图界面中直接按快捷键"TP"或者执行菜单命令"DXP-Preferences-Schematic-General"，找到"Auto-Increment During Placement"选项，变更"Primary"参数，如"2"，这样再来执行复制操作，就是"+2"递增了，如图 4-28 所示。

图 4-27　"+1"递增　　　　　　图 4-28　"+2"递增

4.3.5　元件的排列与对齐

放置好元件之后，为了使所放置的元件更加规范和美观，可以利用 Altium Designer 提供的排列与对齐命令来进行操作。

1．调用排列与对齐命令的方法

可以通过以下几种方法来调用排列与对齐命令，在进行此步操作之前要先选中需要执行操作的元件。

（1）执行菜单命令"Edit-Align"，即可进入排列与对齐命令菜单，如图 4-29 所示。

（2）直接执行按键命令"A"。

（3）菜单图标命令 和排列与对齐命令是一一对应的，如图 4-29 所示。

2．常用命令

为了更加直观地学习这些排列与对齐命令，对此进行常用命令的介绍。

（1）上下左右对齐效果如图 4-30 所示。

① Align Left：向左对齐。

② Align Right：向右对齐。

③ Align Top：向上对齐。

④ Align Bottom：向下对齐。

（2）等间距对齐效果如图 4-31 所示。

① Distribute Horizontally：水平等间距。

② Distribute Vertically：垂直等间距。

图 4-29　排列与对齐命令

图 4-30　上下左右对齐效果

图 4-31　等间距对齐效果

4.4　电气连接的放置

元件放置好之后，就是对电气连接进行设置了，这样让没有关联的元件之间形成逻辑联系，组成各个电路功能网。

4.4.1　绘制导线及导线属性设置

导线是用来连接电气元件、具有电气特性的连线。

1．绘制导线

（1）执行菜单命令"Place-Wire"或者图标命令 ，如图 4-32 中左图所示，激活放置导线命令，使鼠标光标变成十字状态。

（2）选择一个元件的管脚作为开始点，鼠标靠近管脚，光标会自动吸附到管脚上，单击，然后再移动鼠标到另外的元件管脚作为结束点，单击右键或者按"Esc"键，结束此次绘制导线的操作，如图 4-32 中右图所示。

图 4-32　绘制导线

2. 导线属性设置

在导线放置状态下按"Tab"键，可以对导线属性进行设置，如图 4-33 所示。

（1）Color：颜色设置，主要是有针对性地对一些网络进行颜色设置，比如一些大电流的走线设置为红色，方便设计者或者 PCB 工程师进行识别。

（2）Wire Width：线宽设置，这个设置和颜色设置的目的是一样的。

（3）Locked：锁定，为了不使导线随意移动，可以执行锁定操作，锁定之后每次一移动就会提示是否进行解锁操作，如图 4-34 所示，可以有效减少误操作。

图 4-33　导线属性设置

图 4-34　解锁提示

（4）布线角度切换：在布线的状态下可以按快捷键"Shift+空格键"切换布线角度，如图 4-35 所示，提供了 3 种布线角度以供切换。

图 4-35　布线角度切换

4.4.2　放置网络标号

对于一些比较长的连接网络或者数量比较多的网络连接，绘制时如果全部采用导线的连接方式去连接，很难从表观上去识别连接关系，不方便设计。这个时候可以采取网络标号（Net Label）方式来协助设计，它也是网络连接的一种。

（1）执行菜单命令"Place-Net Label"或者图标命令 Net，如图 4-36 中左图所示，激活鼠标放置。

（2）把网络标号放置到导线上面，如图 4-36 中右图所示，这个时候放置的网络标号都是流水号。

（3）在放置状态下按"Tab"键，或者双击放置好的网络标号，可以进行属性设置，如图 4-37 所示，可以对网络标号的颜色、名称、是否锁定进行设置。一般来说主要是设置好名称，增强原理图的可读性。

图 4-36 放置网络标号   图 4-37 网络标号属性设置

4.4.3 放置电源及接地

对于原理图设计，Altium Designer 专门提供一种电源和地的符号，是一种特殊的网络标号，可以让设计工程师比较形象地识别。这里针对两种常用的放置方法进行讲述。

1．直接放置法

（1）单击执行图标命令 ⏚，可以直接放置接地符号。

（2）单击执行图标命令 Vcc，可以直接放置电源符号。

（3）单击执行实体工具栏中的图标命令 ⏚ ▼，可以打开如图 4-38 所示的常用电源端口菜单，选择自己需要放置的端口类型进行放置即可。

2．菜单放置法

可以利用菜单放置命令及端口属性设置来放置自己需要的电源端口。

（1）执行菜单命令"Place-Power Port"，激活放置。

（2）在放置状态下按"Tab"键，进入如图 4-39 所示的电源端口属性设置对话框。和网络标号属性类似，电源端口属性设置可以设置显示颜色、放置角度、显示图形形状及位置。

① Color：可以设置显示颜色。

② Style：可以设置显示图形形状，Altium Designer 提供了多种图形形状供设计者选择，如表 4-1 所示。

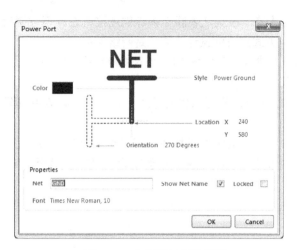

图 4-38 常用电源端口菜单　　　　　　　　图 4-39 电源端口属性设置

表 4-1 常见电源端口显示图形形状

名　称	图　形	名　称	图　形
Circle		Arrow	
Bar		Wave	
Power Ground		Signal Ground	
Earth		GOST Arrow	
GOST Power Ground		GOST Earth	
GOST Bar			

③ Location：可以输入 X 轴和 Y 轴的坐标。

④ Orientation：可以设置端口符号的放置角度。

⑤ Net：可以设置端口网络名称，不管电源端口被设计者选择设计成什么形状，但是对线路起作用的还是此处的网络名称，它是网络连接关系的标识。

⑥ Show Net Name：可以使能显示网络名称或者隐藏。

⑦ Locked：可以使能锁定电源端口不会被随意移动。

4.4.4 放置节点

电气节点（Junction）分为自动节点（Auto-Junction）和手工节点（Manual Junction），如图 4-40 所示。自动节点一般在绘制两条相交的导线时会自动出现，移动时会自动消失；相反，手工节点需要执行菜单命令"Place-Manual Junction"进行放置。

在放置状态下按"Tab"键，可以进入节点属性设置对话框，如图4-41所示。

（1）Color：可以设置节点的颜色。

（2）Location：节点的 X 轴与 Y 轴坐标，一般不用去设置，这个根据鼠标放置位置自动变化。

（3）Size：可以根据需要设置节点大小。

（4）Locked：可以使能锁定节点不会被随意移动。

图4-40　自动节点与手工节点

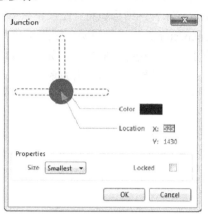

图4-41　节点属性设置

4.4.5　放置页连接符

由于有时候使用到多图纸功能，这时需要考虑图纸页和图纸页间的线路连接。在单张图纸中，可以通过简单的网络标号（Net Label）来实现网络连接；而在多张图纸中，简单的网络标号无法满足连接要求，需要用到页连接符。网络连接涉及的网络标识符（如表 4-2 所示）比较多，下面具体介绍。

表4-2　网络标识符

表 示 形 式	名　称
NetLabel	Net Label
Port	Port
OffSheet >>	Off Sheet Connector
VCC	Power Port
Entry	Sheet Entry

（1）Net Label：网络标号，在单张图纸内，它们可以代替导线来表示元件之间的连接；在多张图纸设计中，其功能未变，只能表示单张图纸内部的连接。执行菜单命令"Place-Net Label"可以放置。

（2）Port：端口，既可以表示单张图纸内部的网络连接，也可以表示图纸页与图纸页间的网络连接，常见于层次原理图设计中。执行菜单命令"Place-Port"可以放置。

（3）Off Sheet Connector：跨图纸接口，用于不同原理图页之间的电气连接，可以把连接的电气属性扩大到整个工程。执行菜单命令"Place-Off Sheet Connector"可以放置。

（4）Power Port：电源端口，完全忽视工程结构，全局连接所有端口。执行菜单命令"Place-Power Port"可以放置。

（5）Sheet Entry：图纸入口，总是垂直连接到图表符所调用的下层图纸端口，常见于层次原理图设计中。执行菜单命令"Place-Add Sheet Entry"可以放置。

不管是放置哪种网络标识符，在放置状态下按"Tab"键都可以对其属性进行设置，这里以Off Sheet Connector 为例进行说明，如图 4-42 所示。

（1）Style：可以选择方向风格，如图 4-43 所示，方向向左时可以形象地表示是信号接收，方向向右时可以形象地表示是信号发射。

图 4-42　Off Sheet Connector 属性设置　　　图 4-43　Off Sheet Connector 方向风格设置

（2）Net：填写网络名称，这个非常重要，表示的是网络连接关系。

4.4.6　总线的放置

单纯的网络标号虽然可以表示图纸中相连的导线，但是由于连接位置的随意性，给工程人员分析图纸、查找相同的网络标号带来一定的困难。

总线代表的是具有相同电气特性的一组导线，在具有相同电气特性的导线数目较多的情况下，可采用总线的方式，以方便识图。总线以总线分支引出各条分导线，以网络标号来标识和区分各条分导线。因此，总线、总线分支、网络标号密不可分，如图 4-44 所示。

图 4-44　总线、分支及网络标号

1．放置总线

（1）执行菜单命令"Place-Bus"（快捷键"PB"），或者直接单击如图 4-45 所示的图标命令，进入放置状态。

图 4-45　放置总线

（2）在放置状态下按"Tab"键，可以对总线的形状或者颜色进行更改，如图 4-46 所示。

（3）和绘制导线类似，在需要绘制总线的元件附近进行单击即可绘制，如图 4-47 所示。

图 4-46　总线属性更改　　　　　　　　　图 4-47　绘制总线

　小 助 手 提 示

　　值得注意的是，和总线相连的元件管脚必须有网络标号，所以总线与元件管脚之间要留有放置总线分支的间隙，不用太靠近元件的管脚，否则不方便对网络标号进行放置，如图 4-47 所示。

2．放置总线分支

（1）按快捷键"PW"，在元件的管脚上画出一条延长线，如图 4-48 所示。

（2）总线必须配以总线分支，执行菜单命令"Place-Bus Entry"（快捷键"PU"），或者单击如图 4-49 所示的图标命令，可以对总线分支进行放置。

（3）在放置状态下按空格键可以旋转调整左右方向，然后根据需要在总线上单击放置，可以连接总线和延长线，如图 4-50 所示。

3．放置网络标号

通过相同的网络标号可以使未连线的元件引脚、导线、电源及接地符号等形成电气连接。

（1）按快捷键"PN"，激活网络标号的放置。

（2）按"Tab"键更改网络名称。

（3）单击鼠标左键连续放置不同序号的网络标号，放置完成之后，单击鼠标右键退出放置命令，如图 4-51 所示。

图 4-48　绘制延长线

图 4-49　放置总线分支

图 4-50　总线分支的放置及与导线的连接

图 4-51　放置网络标号

同一网络标号，其名称应该完全相同（包括字母大小写）。

4．放置端口

具有相同输入 / 输出端口名称的电路在电气上也是连在一起的。在一条总线上放置一个端口，在另外一条总线上放置一个相同名称的端口时，表示两条总线在电气上是相连接的。

（1）按快捷键"PR"或执行菜单命令"Place-Port"。

（2）按"Tab"键设置属性（名称、左右方向、输入 / 输出）。

（3）单击确定端口的一个端点，再单击确定其另一个端点，如图 4-52 所示。

（4）端口上面需要放置一个和端口名称一样的网络标号，如图 4-53 所示。

图 4-52　放置端口

图 4-53　放置网络标号

4.4.7 放置差分标识

电子设计当中，经常用到差分走线，如 USB 的 D+与 D-差分信号、HDMI 的数据差分与时钟差分等。那么，如何在原理图中添加差分标识呢？

（1）在原理图中，将要设置的差分对的网络名称的前缀取相同的名称，在前缀后面分别加"+"和"−"或者"_P"和"_N"，如"HDMI1+"和"HDMI1−"、"DATA1_P"和"DATA1_N"。

（2）执行菜单命令"Place-Directives-Differential Pair"，鼠标出现差分对指示标识，把其放置在差分线的两条线上，如图 4-54 所示。

图 4-54　差分标识的放置

4.4.8 放置 No ERC 检查点

No ERC 检查点即忽略 ERC 检查点，是指该点所附加的元件管脚在进行 ERC 时，如果出现错误或者警告，错误或者警告将被忽略过去，不影响网络报表的生成。忽略 ERC 检查点本身并不具有任何的电气特性，主要用于检查原理图。

（1）单击画线工具栏中的按钮 ✕ ，如图 4-55 所示，鼠标指针变成十字形并附着忽略 ERC 检查点的形状 ✕ 。

（2）移动鼠标到元件管脚上单击，完成一个 No ERC 检查点的放置，需要放置多个可以继续移动鼠标并单击放置，单击鼠标右键或者按"Esc"键可以退出放置状态。

图 4-55　放置 No ERC 检查点

（3）在放置状态下按"Tab"键，或者放置完成之后双击 No ERC 检查点，即可设置它的属性，如图 4-56 所示，对于 Graphical Properties 的设置不是重点，主要是针对其 Electrical Properties 的设置。

① Suppress all violations：抑制所有违规，意思是不管什么错误都不再报错。

② Suppress specific violations（select to choose）：选择性地抑制违规，Altium Designer 提供 21 种选择，用户可以根据自己的需求去选择，如图 4-57 所示。

图 4-56　No ERC 检查点属性设置

图 4-57　抑制违规选择

4.5 非电气对象的放置

原理图中的非电气对象包含辅助线、文字注释等，它们没有电气属性，但是可以增强原理图的可读性。本节对常用非电气对象的放置进行说明。

非电气对象的放置主要集中在图标 ✎ 中，单击此图标可以分别对各个对象进行放置，如表 4-3 所示。

表 4-3 非电气对象说明

功 能 按 钮	功 能 说 明	功 能 按 钮	功 能 说 明
╱	线条	⊓	弧度曲线
⌒	圆环	⬠	多边形框
A	放置字体	▤	放置文本框
⊸	创建子件	▢	矩形多边
▢	圆形多边	⬭	放置椭圆
🖼	插入图片	◖	放置饼图

4.5.1 放置辅助线

设计当中，可以通过放置辅助线来标识信号方向或者对功能模块进行分块标识。

（1）执行菜单命令"Place-Line"（快捷键"PDL"），激活放置状态。

（2）在一个合适的位置单击鼠标左键，找到下一个位置单击鼠标左键确认结束点，可以按空格键改变绘制形状。

（3）在放置状态下按"Tab"键，可以对辅助线属性进行设置，如图 4-58 所示。

① Line Width：可以设置辅助线的宽度。

② Line Style：可以选择辅助线是实心的还是虚线。

③ Color：可以设置辅助线的颜色。

④ Start Line Shape：可以设置起始线段的形状，可以设置如图 4-59 所示的各种形状。

⑤ End Line Shape：可以设置结束线段的形状，同样可以根据需要设置各种形状。

图 4-58　辅助线属性设置　　　　　　　图 4-59　辅助线形状选择

例如，需要放置一个指示信号流向的箭头，可以按照图 4-60 所示设置辅助线属性，绘制效果如图 4-61 所示。

图 4-60　辅助线属性设置　　　　　　　图 4-61　绘制的箭头辅助线

有时也会用辅助线来进行电路功能的分块，以方便对电路功能模块的区分识别，如图 4-62 所示。

图 4-62　功能模块分块辅助线

　　一定要弄清楚 "Place-Wire" 和 "Place-Line" 的不同，前面一种是有电气性能的，后面一种是没有电气性能的，设计当中千万不要用后面一种充当电气线去连接，否则会产生电气开路的现象。

4.5.2　放置字符标注、文本框、注释及图片

实际设计当中，经常需要对一些功能进行文字说明，或者对可选线路进行文字标注。这些文字注释可以大大增强线路的可读性，后期也可以让布线工程充分对所关注的线路进行特别处理。

1．放置字符标注

字符标注主要针对的是较短的文字说明。

（1）执行菜单命令"Place-Text String"，可以放置字符标注。

（2）在放置状态下按"Tab"键，可以对字符标注属性进行设置，如图 4-63 所示，默认的文本属性为"Text"，可以根据实际需要改成自己需要输入的标注内容。

2．放置文本框

字符标注针对的是电路图中简单的文字标注，对于较多文字的说明，通常用放置文本框来处理。

（1）执行菜单命令"Place-Text Frame"（快捷键"PF"），单击需要放置的区域可以完成文本框的放置。

（2）在放置状态下按"Tab"键，或者放置完成之后双击，可以对文本框属性进行设置，如图 4-64 所示。

图 4-63　字符标注属性设置

图 4-64　文本框属性设置

① Text：文本内容，可以单击"Change..."按钮，进入文本输入框，在这里可以输入想要备注的内容文字。

② Font：字体格式，用来设置输入文字的字体，如宋体、楷体等。

③ Word Wrap：文字换行，如果需要文字换行，可以勾选，此处也建议进行勾选。

④ Clip to Area：区域内显示，用来设置如果文字过多，超过文本框之后是否显示，建议勾选。

⑤ Locked：锁定，可以防止设计人员误操作。

3．放置注释

注释的功能和字符标注、文本框的功能是一样的，也是实现对电路的标注，不过注释可以以更加简洁的方式来展示，如图 4-65 所示。

（1）执行菜单命令"Place-Notes-Note"（快捷键"PEO"），单击鼠标左键可以进行注释的放置。

（2）在放置状态下按"Tab"键，或者放置完成之后双击，可以对注释属性进行设置，如图 4-66 所示，设置方法可以参照文本框属性设置。

图 4-65　注释的显示效果

图 4-66　注释属性设置

4．放置图片

为了更加丰富地展示注释信息，Altium Designer 提供了可以放置图片的选项。

（1）执行菜单命令"Place-Drawing Tools-Graphic..."，可以放置一个图片框，图片框作为放置图片的载体。

（2）图片框放置完成后，会自动弹出图片选择对话框，如图 4-67 所示，选择需要放置的图片，即可完成放置，效果如图 4-68 所示。

图 4-67　放置图片选择

图 4-68　图片放置效果

4.6 原理图的全局编辑

4.6.1 元件的重新编号

原理图绘制常利用复制的功能，复制完之后会存在位号重复或者同类型元件编号杂乱的现象，使后期 BOM 表的整理十分不便。重新编号可以对原理图中的位号进行复位和统一，方便设计及维护。

（1）Altium Designer 提供非常方便的元件编号功能，执行菜单命令"Tools-Annotation-Annotate Schematics..."（快捷键"TAA"），进入编号编辑对话框，如图 4-69 所示。

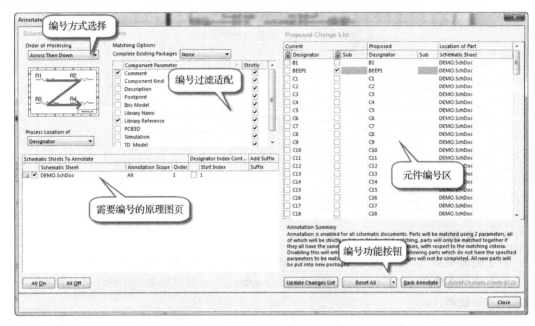

图 4-69　编号编辑对话框

（2）Order of Processing：编号方式选择，Altium Designer 提供 4 种编号方式。

① Up Then Across：先下而上，后左而右。

② Down Then Across：先上而下，后左而右。

③ Across Then Up：先左而右，后下而上。

④ Across Then Down：先左而右，后上而下。

4 种编号方式分别如图 4-70 所示。可以根据自己的需求进行选择，不过建议常规选择第 4 种"Across Then Down"方式。

图 4-70　4 种编号方式

（3）Matching Options：编号过滤适配，按照默认设置即可。

（4）Schematic Sheets To Annotate：需要编号的原理图页，用来设定工程中参与编号的原理图页，如果想对此原理图页进行编号，在前面进行勾选，不勾选表示不参与。

（5）Proposed Change List：变更列表，列出元件当前编号和执行编号之后的新编号。

（6）编号功能按钮如下。

① 单击"Reset All"按钮，复位所有的元件编号，使其变成"字母+?"的格式。

② 单击"Update Changes List"按钮，对元件列表进行编号变更，系统就会根据之前选择的编号方式进行编号。

③ 单击"Accept Changes（Create ECO）"按钮，接受编号变更，实现原理图的变更，如图 4-71 所示，会出现工程变更单，将变更选项提供给用户进行再次确认。可以执行"Validate Changes"来验证变更是否 OK，如果 OK，在右侧"Check"栏会出现绿色"√"表示全部通过。通过之后，单击"Execute Changes"按钮执行变更，即可完成原理图中位号的重新编辑。

图 4-71　工程变更单

 小助手提示

常用元件编号前缀可以参考表 4-4。

表 4-4　常用元件编号前缀

元　件	编号前缀	元　件	编号前缀
电阻	R	排阻	RN
电容	C	电解电容	EC
磁珠	FB	芯片	U
模块	MOD 或 U	晶振	X
三极管	Q 或 T	二极管	D
整流二极管	ZD	发光二极管	LED
连接器	CON	跳线	J

元　　件	编号前缀	元　　件	编号前缀
开关	K 或 SW	电池	BAT
固定通孔	MH	Mark 点	H
测试点	TP		

4.6.2　元件属性的更改

有时画好原理图后，又需要对某些同类型元件进行属性的更改，一个一个地更改比较麻烦，Altium Designer 提供了比较好的全局批量更改方法。下面以相同阻值电阻更改为另外阻值为例进行说明，其他属性更改，如更改封装、Comment 值等信息，可以参考这个方法。

（1）单击选中 120 欧姆的电阻 R22，右键选择执行"Find Similar Objects..."命令，如图 4-72 所示，进入筛选对话框，如图 4-73 所示。

图 4-72　右键选择执行"Find Similar Objects..."命令　　　　图 4-73　筛选对话框

① 在"Part Comment"栏中选择"Same"，表示 120 欧姆的电阻适配。

② 对筛选对话框下端的"Select Matching"进行勾选，此处一定记得要勾选，否则更改不成功。

③ 对"Run Inspector"进行勾选。

④ 可以选择适配文档。

● Current Document：当前原理图页。

● Open Document：打开的原理图页。

● Project Documents：工程里面的所有原理图页。

（2）适配选中元件后会弹出"SCH Inspector"对应属性窗口，在"Part Comment"栏中可以全局更改参数值，即可更改成功，如图 4-74 所示。

图 4-74　阻值更改成功

4.6.3　原理图的跳转与查找

大面积的原理图无法直接定位某个元件的位号、网络标号所在的位置，可以通过跳转和查找功能来实现定位查找。

1. 跳转

（1）执行按键命令"J"，出现如图 4-75 所示的跳转菜单，执行命令"Jump Component"（快捷键"JC"）。

（2）在打开的如图 4-76 所示的对话框中，输入需要跳转到的位号名称，如"R15"，单击"OK"按钮，即可完成跳转。

跳转功能还能实现其他跳转。

① Origin：跳转到原点，一般是原始元件，在左下角。

② New Location...：可以跳转到 X、Y 的坐标值处。

③ Location Marks：可以跳转到标记的地方。

④ Set Location Marks：设置跳转标记。

2. 查找

Altium Designer 提供类似于 Windows 的查找功能。按快捷键"Ctrl+F"，进入如图 4-77 所示的查找对话框。此查找功能可以对位号、字符、网络标号、管脚号进行查找。

（1）Text To Find：输入需要查找的字符。

（2）Sheet Scope：选择适配的原理图文档，可以选择当前原理图页，也可以选择整个文档。

（3）Jump to Results：跳转到查找结果处，此处建议勾选，查到之后直接跳转到结果处非常方便。

图 4-75 跳转菜单　　　　图 4-76 跳转到元件 R15　　　　图 4-77 查找对话框

4.7 层次原理图的设计

4.7.1 层次原理图的定义及结构

当设计的电路比较复杂的时候，用一张原理图来绘制显得比较困难，可读性也相对很差，此时可以采用层次型电路来简化电路。把一个完整的电路系统按照功能划分为若干子系统，即子功能电路模块。这样，设计人员就可以把每一个子功能电路模块的相应原理图绘制出来，然后在这些子原理图之间建立连接关系，从而完成整个电路系统的设计。不难看出，层次原理图的设计实际上就是一种化整为零、聚零为整的设计方法。

层次原理图设计的概念很像文件管理树状结构，设计者可以从绘制电路母原理图（简称母图）开始，逐级向下绘制子原理图（简称子图）；也可以从绘制基本的子原理图开始，逐级向上绘制相应的母原理图。因此，层次原理图的设计方法可以分为两种，即自上而下的层次原理图设计方法和自下而上的层次原理图设计方法。

（1）自上而下：先设计好母原理图，再用母图的方块图来设计子图，如图 4-78 所示。

（2）自下而上：先设计好子原理图，再用子图来产生方块图连接成母图，如图 4-79 所示。

图 4-78 自上而下　　　　　　　　　图 4-79 自下而上

4.7.2 自上而下的层次原理图设计

设计层次原理图需要先创建好一个工程，或者是在已经存在的工程中进行操作。此处以一个简单的电路为例进行说明。

（1）执行菜单命令"Place-Sheet Symbol"或者图标命令 ，激活放置图纸方块图命令，单击空白位置，移动光标，放置方块图，如图4-80所示。

（2）在放置状态下按"Tab"键，或者放置完成之后双击，出现如图4-81所示的放置方块图属性的图纸符号对话框，对方块图属性进行设置。

① Designator：方块图命名，此处设置举例更改为"CPU"。

② Filename：此即模块电路原理图的文件名，此处设置举例更改为"CPU模块"。

图 4-80　放置方块图　　　　　　　　　　图 4-81　方块图属性设置

（3）执行第（2）步操作，放置同样的方块图，分别命名为"CPUCLK"、"MEMORY"、"RESET"、"8279"、"DRIVER"、"POWER"，如图4-82所示。

（4）执行菜单命令"Place-Port"或者图标命令 ，放置方块图的端口。在放置状态下按"Tab"键，可以对端口属性进行设置，如图4-83所示。

图 4-82　模块方块图　　　　　　　　　　图 4-83　端口属性设置

① Alignment：排列，选择"Center"。

② Name：端口的名称。

③ Style：风格。

④ I／O Type：I／O 类型，共有 Unspecified（不指定）、Output（输出）、Input（输入）、Bidirectional（双向）4 种。

多次执行这个操作，放置 CPU 模块方块图的端口，如图 4-84 所示。

（5）执行菜单命令"Place-Sheet Entry"或者图标命令 ，放置方块图的内部 I／O 端口。与端口放置一样，在放置状态下按"Tab"键，可以对内部 I／O 端口属性进行设置。多次执行这个操作，同样放置 CPU 模块方块图的内部 I／O 端口，如图 4-85 所示。

（6）执行快捷命令"PW"，端口和内部 I／O 端口对应连接，如图 4-86 所示。

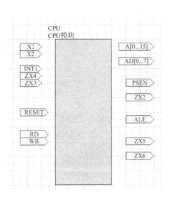

图 4-84　放置 CPU 模块方块图
的端口

图 4-85　放置 CPU 模块
方块图的内部 I／O 端口

图 4-86　端口和内部 I／O
端口对应连接

（7）重复第（4）、（5）、（6）步，完成其他几个模块方块图的端口、内部 I／O 端口的放置与连接，并对相同名称的端口用导线进行连接。完成的原理方块图如图 4-87 所示。

（8）自上而下设计层次型电路，应先建立方块图，再绘制方块图相应的电路图。而绘制电路图时，其端口符号必须和方块图的内部 I／O 端口符号相对应，不能多也不能少。执行菜单命令"Design-Create Sheet From Sheet Symbol"，如图 4-88 所示，并单击 CPU 模块方块图，可以快速产生新图形文件，并且自动产生相应的端口和方块图的内部 I／O 端口对应，如图 4-89 所示。

图 4-87　完成的原理方块图

图 4-88　快速产生新图形文件

图 4-89 子图的自动生成

（9）重复操作，可以对应产生 CPUCLK 时钟模块、MEMORY 存储模块、RESET 复位模块、8279 模块、DRIVER 驱动模块、POWER 电源模块的子图，如图 4-90 所示。

（10）按照前面原理图设计的内容，分别完成子图设计，即完成整个层次原理图的设计。

图 4-90 自动生成的子图页

小助手提示

层次原理图的设计核心要点是原理图母图的端口和子图的端口进行关联，子图的设计按照常规的原理图设计完成即可。

4.7.3 自下而上的层次原理图设计

自下而上的层次原理图设计和自上而下的层次原理图设计是刚好相反的顺序，首先先设计好各个模块的子原理图，然后通过子图来生成母图的方块图。

（1）同样，设计的时候需要在一个工程中进行操作，或者创建一个工程。在这个工程中，按照原理图设计的常规方法，把子原理图设计好，如图 4-91 所示。

（2）执行菜单命令"File-New-Schematic"，新建一个空白的层次原理图的母图页，保存为"MAIN.SchDoc"，如图 4-92 所示。

（3）双击打开母图空白页，执行菜单命令"Design-Create Sheet Symbol From Sheet"，进入原理图关联对话框，如图 4-93 所示，罗列出了所有的子原理图。

图 4-91　设计好的子图　　　　　　　　　　　　图 4-92　增加的母图页

（4）在原理图关联对话框中双击需要放置方块图的子图，鼠标即激活方块图的放置，单击母图的空白处可以放置，如图 4-94 所示。

图 4-93　选择子图放置方块图　　　　　　　　图 4-94　子图方块图的放置

（5）重复第（4）步，可以把需要放置的子图方块图都在母图中放置完毕，如图 4-95 所示。对整个工程进行保存，然后编译，即完成设计，如图 4-96 所示，可以看到编译之后的层次结构。

图 4-95　放置好的方块图　　　　　　　　　　图 4-96　编译之后的层次结构

4.8　原理图的编译与检查

在设计完原理图之后、设计 PCB 之前，工程师可以利用软件自带的 ERC 功能对常规的一些电气性能进行检查，避免一些常规性错误和查漏补缺，以及为正确完整地导入 PCB 进行电路设计做准备。

4.8.1 原理图编译的设置

（1）在工程文件上单击鼠标右键，选择执行"Project Options"命令，或者执行菜单命令"Project-Project Options"，单击"Error Reporting"选项卡，进入原理图编译参数设置窗口，如图 4-97 所示。

图 4-97　原理图编译参数设置

① Violation Type Description：编译查错对象。

② Report Mode：报告显示类型。

● No Report：对检查出来的结果不进行报告显示。

● Warning：对检查出来的结果只是进行警告。

● Error：对检查出来的结果进行错误提示。

● Fatal Error：对检查出来的结果提示严重错误，并给予红色标示。

如果需要对某项进行检查，建议选择"Fatal Error"，这样比较明显并具有针对性，方便查找定位。

（2）对常规检查来说，集中检查以下对象。

① Duplicate Part Designators：存在重复的元件位号，如图 4-98（a）所示。

② Floating Net Labels：存在悬浮的网络标号，如图 4-98（b）所示。

③ Floating Power Objects：存在悬浮的电源端口，如图 4-98（b）所示。

④ Nets with only one pin：存在单端网络，如图 4-98（c）所示。

(a)

(b)

(c)

图 4-98　常见编译错误

4.8.2　原理图的编译

（1）编译项设置之后即可对原理图进行编译，执行菜单命令"Project-Compile PCB Project ×××.PrjPcb"，即可完成原理图编译。

（2）在右下角，单击"System-Messages"，显示编译报告。若有相关错误报告，则在"Messages"窗口中会用红色标记出来，双击对应的红色报告，可以跳转到原理图相对应的位置进行查看和检查，如图 4-99 所示。

图 4-99　Messages 报告

系统默认的"Error"项，在编译之后也要注意一下，或者在设置的时候清楚哪些可以忽略，不可忽略的直接设置为"Fatal Error"类型。

4.9 BOM 表

BOM 表即物料清单。当原理图设计完成之后，就可以开始整理物料清单准备采购元件了。如何将设计中用到的元件的信息进行输出以方便采购呢？这个时候就会用到 BOM 表了。

（1）执行菜单命令"Reports-Bill of Materials"（快捷键"RI"），进入 BOM 表参数设置界面，如图 4-100 所示。

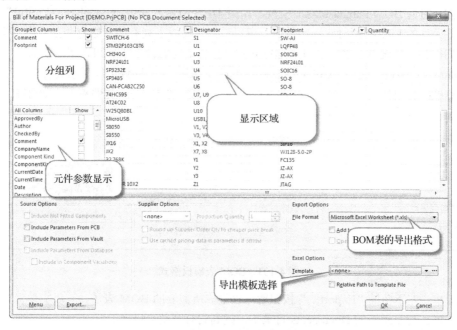

图 4-100 BOM 表参数设置

（2）All Columns：包含元件的所有参数项，需要进行导出的都予以勾选，一般建议勾选"Comment"（元件值）、"Designator"（位号）、"Footprint"（封装）及"Quantity"（元件数量），勾选之后会显示在右上角区域。

（3）Grouped Columns：分组列，让元件可以按照特定的方式分类。如果想把封装为 0805R、Comment 值为 4.7K 的电阻分到一组里面，那么就可以把"Comment"和"Footprint"参数从下面的"All Columns"拖动到上面的"Grouped Columns"中，如图 4-101 所示。

（4）File Format：BOM 表的导出格式，一般执行导出后缀为.xls 的 Excel 文档。

（5）Template：导出模板选择，可以选择"none"进行直接输出，或者使用 Altium Designer 提供的模板来生成 BOM 表。必要时可以用 Excel 打开一个模板看一下，BOM 表模板为安装目录下面的 Templates 文件夹（如 C:\Users\Public\Documents\Altium\AD17\Templates）下后缀为.XLT 的文件，如图 4-102 所示。

图 4-101 拖动到分组列中

图 4-102 BOM 表模板

例如，打开 BOM Purchase.XLT 模板，如图 4-103 所示，其中，"Column=LibRef"表示这一列为各元件的 LibRef 所对应的参数值。可以看到，模板上列有的参数有些是我们不需要的，有些我们需要的又没有。这时，只需把每列的模板的语句修改一下就可以了。例如，将第一列的"Column=LibRef"改为"Column=Designator"，那么这一列就可以显示元件位号了。其他的一样修改。修改好后保存为 Excel 的 .XLT 文件，放到 Templates 文件夹下，就可在下拉菜单中看到了。

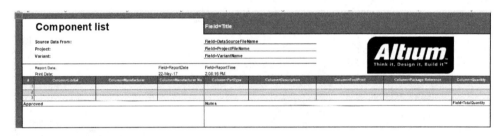

图 4-103 BOM 表模板格式

（6）单击左下角的"Export…"按钮就可以生成所需要的 BOM 表了，一般文件保存在工程目录下，或工程目录下的 Documents 目录下，找到它打开就可以了。

　　由于一些用户安装没有到位，造成文件夹下面没有 BOM 表模板文件。如果需要，请联系作者索要。

4.10 原理图的打印输出

在使用 Altium Designer 设计完原理图后，可以把原理图以 PDF 的形式输出图纸，发给别人阅读，从而尽量降低被直接篡改的风险。Altium Designer 是 Protel 99SE 的高级版本，自带有 PDF 文件输出功能，即"Smart PDF"这个功能，可以把原理图以 PDF 的形式进行输出。

（1）执行菜单命令"File-Smart PDF"，进入 PDF 的创建向导，如图 4-104 所示，一般根据向导来进行设置。

图 4-104　进入 PDF 的创建向导

（2）单击"Next"按钮，在打开的"Choose Export Target"界面中可以选择输出的文档范围，如图 4-105 所示。

① Current Project：对当前整个工程的文档进行 PDF 输出。

② Current Document：对当前选中的文档进行 PDF 输出。

（3）在"Export Bill of Materials"界面中可以选择是否对 BOM 表进行输出，如图 4-106 所示，一般单独对 BOM 表进行输出，所以这里不用勾选。

图 4-105　选择输出的文档范围　　　　图 4-106　选择是否对 BOM 表进行输出

（4）在"Additional PDF Settings"界面中可以对 PDF 输出参数进行一定的设置，如图 4-107 所示，一般对其输出颜色进行选择就好了，其他的直接按照默认推荐的设置即可。

① Color：彩色的，设计用的什么颜色输出的就是什么颜色。

② Greyscale：灰色的，一般不选择。

③ Monochrome：黑白的，这个因为对比度高，一般常用。

（5）按照图 4-108 所示进行勾选后，单击"Finish"按钮，完成 PDF 的输出，并打开 PDF，效果图如图 4-109 所示。

图 4-107 PDF 输出参数设置

图 4-108 执行完成 PDF 的输出并打开 PDF

图 4-109 PDF 的输出效果图

4.11 常用设计快捷命令汇总

为了让读者可以更加快捷地进行设计,在此对常用设计快捷命令进行介绍。

4.11.1 常用鼠标命令

常用鼠标命令如表 4-5 所示。

表 4-5 常用鼠标命令

命 令	功 能	命 令	功 能
单击左键	选择命令	单击右键	取消或进行命令选择
长按左键	可以拖动对象	长按右键	拖动原理图页
双击左键	进行对象属性设置	按住鼠标中键+拖动	放大或缩小

4.11.2 常用 View 视图快捷命令

常用 View 视图快捷命令如表 4-6 所示。

表 4-6 常用 View 视图快捷命令

命 令	快 捷 键	功 能 说 明
Fit Document	VD	当设计图页不在目视范围内时，可以快速归位
Fit All Objects	VF	对整个图纸文档进行图纸归位
Zoom In	Page Up	以鼠标指针为中心进行放大
Zoom Out	Page Down	以鼠标指针为中心进行缩小
Selected Objects	VE	可以快速对选择的对象进行放大显示

4.11.3 常用排列快捷命令

常用排列快捷命令如表 4-7 所示。

表 4-7 常用排列快捷命令

命 令	快 捷 键	功 能 说 明
Align Left	AL	向左对齐
Align Right	AR	向右对齐
Align Top	AT	向上对齐
Align Bottom	AB	向下对齐
Distribute Horizontally	AD	水平等间距
Distribute Vertically	AI	垂直等间距

4.11.4 其他常用快捷命令

其他常用快捷命令如表 4-8 所示。

表 4-8 其他常用快捷命令

命 令	快 捷 键	功 能 说 明
Place Wire	PW	放置导线
Place Bus	PB	放置总线
Place Part	PP	放置元件
Place Net Label	PN	放置网络标号
Place Text String	PT	放置字符标注
Delete	ED	删除
/	Shift+拖动	递增复制
/	Ctrl+F	快速查找

命　令	快　捷　键	功　能　说　明
Jump Component	JC	跳转到元件
/	Alt+单击	高亮相同网络
/	TP	系统参数设置

4.12　原理图设计实例——AT89C51

通过前面的元件库及原理图设计的说明，相信读者看到这里已经可以进行一些简单的原理图设计了。本节给读者准备了一个实例讲述，使读者能够将理论与实践相结合，温习前面所讲述的内容，同时便于读者自学。在 PCB 联盟网读者专区附赠了全部的实例及视频教程，欢迎读者联系作者索取。

4.12.1　工程的创建

分别执行菜单命令"File-New-Project..."、菜单命令"File-New-Library-Schematic Library"和菜单命令"File-New-Schematic"，创建好工程文件、元件库及原理图，并且命名为"89C51"，如图 4-110 所示。

4.12.2　元件库的创建

（1）双击元件库文件，进入元件库编辑器界面，并在右下角执行命令"SCH-SCH Library"，调出元件的工作面板，单击 Components（元件）栏中的"Add"按钮，添加一个"89C51"的元件，如图 4-111 所示。

图 4-110　工程的创建　　　　　　　　　　图 4-111　添加新的元件

（2）执行菜单命令"Place-Rectangle"，在工作区的中心位置放置一个合适的矩形框。

（3）执行菜单命令"Place-Pin"，在矩形框的边缘放置管脚。在放置状态下按"Tab"键，更改管脚名称为"P1.0"，管脚序号为"1"。

（4）重复第（3）步，直至把 89C51 芯片的管脚都放置完毕，如图 4-112 所示。

（5）在元件列表中双击"89C51"元件，可以对此元件的属性进行设置，如图 4-113 所示。

① Default Designator：填写"U？"，"Visible"单击勾选。

② Default Comment：填写"89C51"，"Visible"单击勾选。

③ Models：单击添加"Footprint"，并且填写封装名称为"DIP40"。

图 4-112 "89C51"元件创建的过程

图 4-113 元件属性设置

（6）重复第（1）步至第（5）步的操作，完成对元件"7805"、"CAP"、"CON2"、"CON8"、"CRY"、"RES"及"CON11"的创建，如图 4-114 所示。

图 4-114 创建的元件及图形

4.12.3　原理图的设计

（1）双击打开原理图页，进行准备设置。

（2）再次进入元件库，在元件列表中选择需要放置的元件，如"89C51"，单击"Place"按钮，这个时候鼠标指针会自动跳转到原理图页，并且鼠标指针附着"89C51"这个元件，单击放置在原理图页的合适位置，如图4-115所示。

图4-115　放置"89C51"元件

（3）在放置状态下按"Tab"键，或者放置完成之后双击，可以更改"89C51"元件的属性，如图4-116所示，"Designator"更改为"U1"，其他地方检查下信息参数是否正确。

图4-116　更改元件属性

（4）重复第（2）、（3）步，放置其他元件，如图4-117所示，把所有需要放置的元件都放置到原理图中来。

图 4-117 放置所有元件

（5）移动元件到合适的位置，分别执行菜单命令"Place-Wire"、菜单命令"Place-Net Label"和菜单命令"Place-Power Port"，可以放置导线、网络标号和电源端口，完成原理图的电气性能连接。

（6）对于多路电路，可以执行复制和粘贴，进行操作。

（7）执行菜单命令"Place-Line"，放置功能分块辅助线。

（8）按快捷键"TAA"，进入编号编辑对话框，单击"Reset All"按钮，可以对所有的元件编号进行复位，单击"Update Changes List"按钮，对元件列表进行编号变更，单击"Accept Changes（Create ECO）"按钮，接受编号变更，实现原理图的变更。

绘制好的原理图如图 4-118 所示。

图 4-118 绘制好的原理图

4.13　本章小结

　　本章介绍了原理图编辑界面，并通过原理图设计流程化讲解的方式，对原理图设计的过程进行了详细讲述，目的是让读者可以一步一步地根据本章所讲设计出自己需要的原理图，同时也对层次原理图的设计进行了讲述，最后以一个实例教程结束，让读者可以结合实际练习，理论联系实际，融会贯通。

第 5 章

PCB 库开发环境及设计

电路设计完成之后，PCB 封装是元件实物映射到 PCB 上的产物。不能随意赋予 PCB 封装尺寸，应该按照元件规格书的精确尺寸进行绘制。元件库与 PCB 库的相互结合，是电路设计连接关系和实物电路板衔接的桥梁，创建 PCB 封装有其必要性。

本章主要讲述标准 PCB 封装、异形封装、集成库、3D PCB 封装的设计方法及相关的设计标准，从开发环境介绍到 PCB 库的完成，一步一个脚印，由浅入深，让读者充分了解 PCB 封装的设计。

 学习目标

➤ 熟悉 PCB 库开发环境
➤ 熟练利用向导法和手工法创建 PCB 封装
➤ 能熟练依据元件封装数据手册，处理好各类封装数据，准确地对各类数据进行输入，充分考虑到元件封装的补偿值
➤ 熟悉异形封装的组合方式及转换方式，注意异形封装层属性与标准焊盘的不同
➤ 了解 PCB 封装的设计规范，能充分应用到自身设计中
➤ 熟悉简单 3D 模型创建法及 STEP 模型导入法
➤ 熟悉集成库的创建、离散、安装、移除及封装的路径匹配

5.1 PCB 封装的组成

PCB 封装的组成一般有以下元素，如图 5-1 所示。

（1）PCB 焊盘：用来焊接元件管脚的载体。

（2）管脚序号：用来和元件进行电气连接关系匹配的序号。

（3）元件丝印：用来描述元件腔体大小的识别框。

（4）阻焊：放置绿油覆盖，可以有效地保护焊盘焊接区域。

（5）1 脚标识 / 极性标识：主要是用来定位元件方向的标识符号。

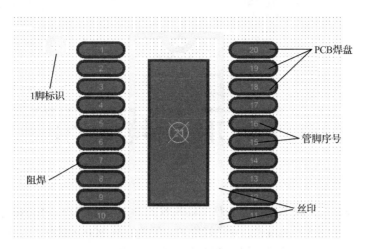

图 5-1　PCB 封装的组成

5.2　PCB 库编辑界面

PCB 库编辑界面主要包含菜单栏、工具栏、绘制工具栏、面板栏、PCB 封装列表、PCB 封闭信息显示、层显示、状态信息显示及绘制工作区域，如图 5-2 所示。丰富的信息及绘制工具组成了非常人性化的交互界面。同元件库编辑器界面一样，状态信息及工作面板会随绘制工作的不同而有所不同，读者可以根据自己的操作进行实时体验。

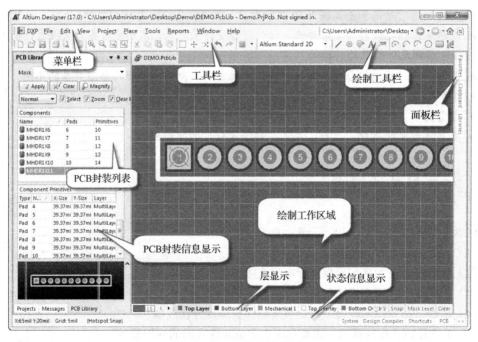

图 5-2　PCB 库编辑界面

1．菜单栏

（1）File（文件）：主要用于完成对各种文件的新建、打开、保存等操作。

（2）Edit（编辑）：用于完成各种编辑操作，包括撤销、取消、复制及粘贴。

（3）View（查看）：用于视图操作，包括窗口的放大、缩小，工具栏的打开、关闭及网络设置、显示。

（4）Project（工程）：主要用于对工程的各类编译及添加、移除。

（5）Place（放置）：用于放置过孔、焊盘、走线、圆弧、多边形等。

（6）Tools（工具）：为设计者提供各类工具。

（7）Reports（报告）：提供 PCB 封装检查报告及测量等功能。

（8）Window（窗口）：改变窗口的显示方式，可以切换窗口的双屏或者多屏显示等。

2．工具栏

工具栏是菜单栏的延伸显示，把操作频繁的命令提供窗口按钮（有时也称图标）显示的方式。为了方便读者认识工具栏中的功能按钮，作者把最常用的功能按钮列于表 5-1 中。

表 5-1　工具栏中的功能按钮

功 能 按 钮	功 能 说 明	功 能 按 钮	功 能 说 明
	新建		打开
	保存		打印
	打印预览		放大
	缩小		剪切
	复制		框选
	移动		取消选择
	撤销		重新执行

3．绘制工具栏

通过这个工具栏，可以方便地放置圆弧、多边形、线条、焊盘、过孔、文字等封装创建元素。根据作者的设计经验，在创建封装时，绘制工具栏中的放置（Place）命令是用得最多的，在此介绍一下相关功能按钮，如表 5-2 所示。

表 5-2　放置（Place）命令的说明

功 能 按 钮	功 能 说 明	功 能 按 钮	功 能 说 明
	中心圆弧		边界圆弧
	任意弧度		完整圆弧
	放置多边形		线条
	放置焊盘		放置过孔
	放置文字		坐标信息

4．工作面板

在 PCB 库编辑界面的右下角执行命令"PCB-PCB Library"，可以调用工作面板，用来显示 PCB 封装列表、PCB 封装信息及 PCB 封装的 PCB 预览，如图 5-3 所示。

图 5-3　工作面板的调用

5.3　2D 标准封装创建

常见的封装创建方法包含向导创建法和手工创建法。对于一些管脚数目比较多、形状又比较规范的封装，一般倾向于利用向导法创建封装；对于一些管脚数目比较少或者形状比较不规范的封装，一般倾向于利用手工法创建封装。下面以两个实例来分别说明这两种方法的步骤及不同之处。

5.3.1　向导创建法

PCB 库编辑界面包含一个元件向导，用它创建元件的 PCB 封装是基于对一系列参数的问答。此处以创建 DIP14 封装为例详细讲解向导创建法的步骤。

（1）在工作面板的 Components 栏中单击鼠标右键，选择执行向导命令"Component Wizard…"，出现元件向导，如图 5-4 所示。

图 5-4　执行向导命令

（2）按照向导流程，选择创建 DIP 系列，单位选择 mm，如图 5-5 所示。

图 5-5　向导参数选择

（3）下载 DIP14 的数据手册，如图 5-6 所示，按照数据手册填写相关问答参数。

Symbol	Dimensions In Millrreders			Dimensions In Inches		
	Min	Nom	Max	Min	Nom	Max
A	—	—	4.31	—	—	0.170
A1	0.38	—	—	0.015	—	—
A2	3.15	3.40	3.65	0.124	0.134	0.144
B	—	0.46	—	—	0.016	—
B1	—	1.52	—	—	0.060	—
C	—	0.25	—	—	0.010	—
D	19.00	19.30	19.60	0.748	0.760	0.772
E	6.20	6.40	6.60	0.244	0.252	0.260
E1	—	7.62	—	—	0.300	—
e	—	2.54	—	—	0.100	—
L	3.00	3.30	3.65	0.118	0.130	0.142
θ	0°	—	15°	0°	—	15°

图 5-6　DIP14 的数据手册

焊盘参数：内径为 B—0.46mm，但是为了考虑余量，一般比数据手册的数据大，此处选择 0.8mm，外径为 B1—1.52mm，如图 5-7 所示，填入向导参数栏。

焊盘间距参数：纵向间距为 e—2.54mm，横向间距为 E1—7.62mm，如图 5-8 所示。

剩下部分选项按照向导默认即可，选择需要的焊盘数量为 14。

（4）单击"Finish"按钮，DIP14 封装创建完成，如图 5-9 所示。

图 5-7　焊盘参数

图 5-8　焊盘间距参数

图 5-9　创建好的 DIP14 封装

5.3.2　手工创建法

（1）执行菜单命令"File-New-Library-PCB Library"，新建一个 PCB 库，出现默认命名为"PcbLib1.PcbLib"的 PCB 库文件和一个名为"PCBCOMPONENT_1"的元件，如图 5-10 所示。

图 5-10　新建 PCB 库

（2）执行"Save"命令，将 PCB 库文件更名为"Demo.PcbLib"进行存储。

（3）双击"PCBCOMPONENT_1"，可以更改这个元件的名称；也可以在此 Components 栏中单击鼠标右键，执行"New Blank Component"命令，或者执行菜单命令"Tools-New Blank Component"，可以创建新的 PCB 封装添加到 PCB 封装列表中，如图 5-11 所示。

图 5-11　更改元件名称及新的 PCB 封装的创建

（4）下载相关数据手册，此处以 TPS54550 芯片为例，数据手册上面详细地列出了焊盘的长和宽、焊盘间距、管脚序号和 1 脚标识等参数信息，据此来创建它的 PCB 封装，如图 5-12 所示。

（5）执行菜单命令"Place-Pad"，可以放置焊盘。在放置状态下按"Tab"键，可以设置焊盘属性，焊盘是表贴焊盘，选择表贴焊盘模式、矩形图，如图 5-13 所示。

PINS ** DIM	14	16	20	24	28
A MAX	5.10	5.10	6.60	7.90	9.80
A MIN	4.90	4.90	6.40	7.70	9.60

NOTES： A. All linear dimensions are in millimeters.
B. This drawing is subject to change without notice.
C. Body dimensions do not include mold flash or protrusions. Mold flash and protrusion shall not exceed 0.15 per side.
D. This package is designed to be soldered to a thermal pad on the board. Refer to Technical Brief，PowerPad Thermally Enhanced Package，Texas Instruments Literature No. SLMA002 for information regarding recommended board layout.（This document is available at www.ti.com <http://www.ti.com>.）
E. Falls within JEDEC MO-153

图 5-12　TPS54550 的数据手册

图 5-13　设置焊盘属性

表贴焊盘在层数选择处选择"Top Layer"，如果是通孔焊盘，请选择"Multi-Layer"。

（6）考虑到实际情况，通常制作封装焊盘的时候会加入补偿值。从数据手册可以看出，焊盘尺寸取中间值 0.6mm，内侧补偿 0.5mm，外侧补偿 0.5mm，焊盘长度为 1.6mm。同理，焊盘宽度加上补偿值之后可以取 0.4mm。

（7）从图 5-12 可以看出，纵向焊盘与焊盘的中心间距为 0.65mm，横向间距为 5.5mm。按照管脚序号和间距一一摆放焊盘。注意，一般 1 号引脚为矩形，其他引脚为椭圆形，方便识别。

① 如图 5-14 所示，通过坐标法排列管脚序号。

图 5-14　坐标法

② 如图 5-15 所示，通过阵列法排列管脚序号。

图 5-15　阵列法

③ 一般来说，结合使用上述两种方法可以达到快速创建的效果，排列效果图如图 5-16 所示。

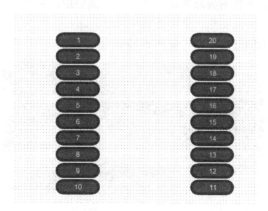

图 5-16　排列效果图

（8）按照数据手册放置散热焊盘。

（9）按照数据手册，在丝印层（Top Overlayer）绘制丝印本体，丝印线宽一般选择5mil。

（10）放置1号管脚标识符号，定位元件原点（快捷键"EFC"）为中心点。

（11）核对以上参数即完成此2D封装的创建，如图5-17所示。

图 5-17　创建好的封装

（12）当然也可以为元件添加高度及描述信息，方便布线工程师清楚它的高度。双击 PCB 封装列表中相应的元件，即可添加，如图5-18所示。

图 5-18　添加元件高度及描述信息

5.4　异形焊盘封装创建

一般，不规则的焊盘被称为异形焊盘，典型的有金手指、大型的元件焊盘，或者板子上需要添加特殊形状的铜箔（可以制作一个特殊封装代替）。

此处以一个锅仔片为例进行说明，如图5-19所示。

图 5-19　完整的锅仔片封装

（1）执行菜单命令"Place-Arc（Any Angle）"，放置圆弧，双击更改到需要的尺寸需求。

（2）放置中心表贴焊盘，并赋予焊盘管脚序号，如图 5-20 所示。

（3）放置 Solder Mask（阻焊层）及 Paste（钢网层），如图 5-21 所示。一般，Solder Mask 比焊盘单边大 2.5mil，即可以在 Solder Mask 放置比顶层宽 5mil 的圆弧。一般，Paste 和焊盘区域是一样大的，所以放置与顶层一样大的圆弧。

图 5-20　放置焊盘

图 5-21　放置 Solder Mask 及 Paste

　　复制某个元素之后，按快捷键"EA"，采用特殊粘贴法，可以快速复制粘贴到当前层，如图 5-22 所示。

　　有些异形焊盘封装在 Library 中无法创建，需要利用转换工具（Tools-Convert）先转换复制到 Library 中使用。常见的是使用 Region 创建异形焊盘封装，如图 5-23 所示。

图 5-22　复制粘贴到当前层

图 5-23　创建转换的圆形 Region

（4）按快捷键"EFC"，放置好原点到元件的中心，即完成当前异形焊盘封装的创建。

5.5　PCB 文件生成 PCB 库

有时自己或客户会提供放置好元件的 PCB 文件，这时候可以不必一个一个地创建 PCB 封装，而是直接从已存在的 PCB 文件导出 PCB 库即可。

（1）打开目标 PCB 文件。

（2）执行菜单命令"Design-Make PCB Library"，或者按快捷键"DP"，即可完成 PCB 库的生成，如图 5-24 所示。

图 5-24　PCB 库的生成

5.6　PCB 封装的复制

　　类似于元件库，有时候由于拥有多个 PCB 封装库，不方便管理，需要把多个 PCB 封装合并到一个库中。

　　（1）在 PCB 库编辑界面的右下角执行命令"PCB-PCB Library"，调用工作面板。

　　（2）在 PCB 封装列表中，按住"Shift"键，单击选中需要复制的 PCB 封装。

　　（3）在选中的 PCB 封装上单击鼠标右键，执行"Copy"（复制）命令，或者按快捷键"Ctrl+C"。

　　（4）在需要合并的目的 PCB 封装库里面的 PCB 封装列表中单击鼠标右键，执行"Paste N Components"（粘贴封装）命令，或者按快捷键"Ctrl+V"，完成从其他 PCB 库复制封装到当前封装库中的操作，如图 5-25 所示。

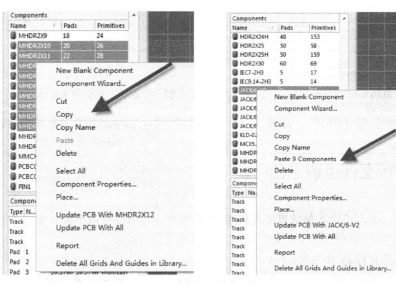

图 5-25　元件 PCB 封装的复制与粘贴

5.7　PCB 封装的检查与报告

Altium Designer 17 提供 PCB 封装错误的检查功能。创建完封装之后，可以执行菜单命令"Reports-Component Rule Check"，对所创建的封装进行一些常规检查，如图 5-26 所示，可以对 PCB 封装进行选择性的检查。

为了方便读者充分认识 PCB 封装错误的检查功能，这里对如图 5-26 所示的对话框中的选项进行一定的介绍。

（1）Duplicate-Pads：检查重复的焊盘。

（2）Duplicate-Primitives：检查重复的元素，包括丝印、填充等。

（3）Duplicate-Footprints：检查重复的封装。

（4）Constraints-Missing Pad Names：检查 PCB 封装中缺失的焊盘名称。

（5）Constraints-Shorted Copper：检查导线短路。

（6）Constraints-Mirrored Component：检查镜像的元件。

（7）Constraints-Unconnected Copper：检查没有连接的导线铜皮。

（8）Constraints-Offset Component Reference：检查参考点是否在本体进行设置。

（9）Constraints-Check All Components：检查所有的 PCB 封装。

一般，为了创建 PCB 封装的正确性，会按照图 5-26 所示的那样对其进行常规检查，如果需要特殊检查某项，单独勾选检查即可。单击"OK"按钮之后，系统会生成一个如图 5-27 所示的报告栏，从中获知封装检查的相关信息，从而可以根据信息更新更正 PCB 封装。

图 5-26　封装错误检查

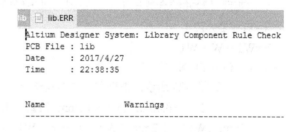

图 5-27　封装检查报告

5.8　常见 PCB 封装的设计规范及要求

PCB 封装是元件物料在 PCB 上的映射。封装是否设计规范牵涉到元件的贴片装配，需要正确地处理封装数据，满足实际生产的需求。有的工程师做的封装无法满足手工贴片，有的无法满足机器贴片，也有的未创建 1 脚标识，手工贴片的时候无法识别正反，造成 PCB 短路的现象时有发生，这个时候需要设计工程师对自己创建的封装进行一定的约束。

封装设计应统一采用公制单位，对于特殊元件，资料上没有采用公制标注的，为了避免英制到公制的转换误差，可以按照英制单位。精度要求：采用 mil 为单位时，精度为 2；采用 mm 为单位时，精度为 4。

5.8.1 SMD 贴片封装设计

1. 无管脚延伸型 SMD 贴片封装设计

图 5-28 给出了无管脚延伸型 SMD 贴片封装尺寸数据，给出如下数据定义说明。

A——元件的实体长度　　　　　　　　X——PCB 封装焊盘宽度

H——元件的可焊接高度　　　　　　　Y——PCB 封装焊盘长度

T——元件的可焊接长度　　　　　　　S——两个焊盘之间的间距

W——元件的可焊接宽度

注：A、T、W 均取数据手册推荐的平均值。

图 5-28　无管脚延伸型 SMD 贴片封装

定义：

T1 为 T 尺寸的外侧补偿常数，取值范围为 0.3～1mm；

T2 为 T 尺寸的内侧补偿常数，取值范围为 0.1～0.6mm；

W1 为 W 尺寸的侧边补偿常数，取值范围为 0～0.2mm。

通过实践经验并结合数据手册参数得出以下经验公式。

X=T1 + T + T2

Y=W1 + W + W1

S=A + T1 + T1−X

实例演示如图 5-29 所示，根据图上数据及结合经验公式，可以得到如下实际封装的创建数据。

X=0.6mm（T1）+0.4mm（T）+0.3mm（T2）=1.3mm

Y=0.2mm（W1）+1.2mm（W）+0.2mm（W1）=1.6mm

S=2.0mm（A）+0.6mm（T1）+0.6mm（T1）−1.3mm（X）=1.9mm

图 5-29　无管脚延伸型 SMD 贴片封装实例数据

2. 翼形管脚型 SMD 贴片封装设计

图 5-30 给出了翼形管脚型 SMD 贴片封装尺寸数据，给出如下数据定义说明。

A——元件的实体长度　　　　　　　　X——PCB 封装焊盘宽度

T——元件管脚的可焊接长度　　　　　Y——PCB 封装焊盘长度

W——元件管脚宽度　　　　　　　　　S——两个焊盘之间的间距

注：A、T、W 均取数据手册推荐的平均值。

图 5-30　翼形管脚型 SMD 贴片封装

定义：

T1 为 T 尺寸的外侧补偿常数，取值范围为 0.3～1mm；

T2 为 T 尺寸的内侧补偿常数，取值范围为 0.3～1mm；

W1 为 W 尺寸的侧边补偿常数，取值范围为 0～0.2mm。

通过实践经验并结合数据手册参数得出以下经验公式。

$X=T1+T+T2$

$Y=W1+W+W1$

$S=A+T1+T1-X$

3. 平卧型 SMD 贴片封装设计

图 5-31 给出了平卧型 SMD 贴片封装尺寸数据，给出如下数据定义说明。

A——元件管脚的可焊接长度　　　X——PCB 封装焊盘宽度

C——元件管脚脚间隙　　　　　　Y——PCB 封装焊盘长度

W——元件管脚宽度　　　　　　　S——两个焊盘之间的间距

注：A、C、W 均取数据手册推荐的平均值。

图 5-31　平卧型 SMD 贴片封装

定义：

A1 为 A 尺寸的外侧补偿常数，取值范围为 0.3～1mm；

A2 为 A 尺寸的内侧补偿常数，取值范围为 0.2～0.5mm；

W1 为 W 尺寸的侧边补偿常数，取值范围为 0～0.5mm。

通过实践经验并结合数据手册参数得出以下经验公式。

$X=A1+A+A2$

$Y=W1+W+W1$

$S=A+A+C+A1+A1-X$

4．J 形管脚型 SMD 贴片封装设计

图 5-32 给出了 J 形管脚型 SMD 贴片封装尺寸数据，给出如下数据定义说明。

A——元件的实体长度　　　　　　　X——PCB 封装焊盘宽度

D——元件管脚中心间距　　　　　　Y——PCB 封装焊盘长度

W——元件管脚宽度　　　　　　　　S——两个焊盘之间的间距

注：A、D、W 均取数据手册推荐的平均值。

图 5-32　J 形管脚型 SMD 贴片封装

定义：

T 为元件管脚的可焊接长度；

T1 为 T 尺寸的外侧补偿常数，取值范围为 0.2～0.6mm；

T2 为 T 尺寸的内侧补偿常数，取值范围为 0.2～0.6mm；

W1 为 W 尺寸的侧边补偿常数，取值范围为 0～0.2mm。

通过实践经验并结合数据手册参数得出以下经验公式。

$T=（A-D）/2$

$X=T1+T+T2$

$Y=W1+W+W1$

$S=A+T1+T1-X$

5．圆柱式管脚型 SMD 贴片封装设计

圆柱式管脚型 SMD 贴片封装如图 5-33 所示，其尺寸数据公式可以参考，无管脚延伸型 SMD 贴片封装的经验公式。

6．BGA 类型 SMD 贴片封装设计

常见 BGA 类型 SMD 贴片封装模型如图 5-34 所示。此类封装可以根据 BGA 的 Pitch 间距来进行常数的添加补偿，如表 5-3 所示。

 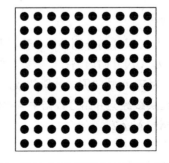

图 5-33　圆柱式管脚型 SMD 贴片封装　　　　图 5-34　常见 BGA 类型 SMD 贴片封装模型

表 5-3　常见 BGA 焊盘补偿常数推荐

Pitch 间距（mm）	焊盘直径（mm）		Pitch 间距（mm）	焊盘直径（mm）	
	最小	最大		最小	最大
1.50	0.55	0.6	0.75	0.35	0.375
1.27	0.55	0.60（0.60）	0.65	0.275	0.3
1.00	0.45	0.50（0.48）	0.50	0.225	0.25
0.80	0.375	0.40（0.40）	0.40	0.17	0.2

5.8.2　插件类型封装设计

除了贴片封装外，剩下的就是插件类型封装了，在一些接插件、对接座子等元件上面比较常见。对于插件类型封装焊盘尺寸，大概定义了一些经验公式，如表 5-4 所示。

表 5-4　插件类型封装焊盘尺寸

焊盘尺寸计算规则	Lead Pin	Physical Pin
圆形管脚，使用圆形钻孔 $D' = \begin{cases} 管脚直径D + 0.2mm（D < 1mm） \\ 管脚直径D + 0.3mm（D \geqslant 1mm） \end{cases}$		
矩形或正方形管脚，使用圆形钻孔 $D' = \sqrt{W^2 + H^2} + 0.1mm$		
矩形或正方形管脚，使用矩形钻孔 $W' = W + 0.5mm$ $H' = H + 0.5mm$		
矩形或正方形管脚，使用椭圆形钻孔 $W' = W + H + 0.5mm$ $H' = H + 0.5mm$		
椭圆形管脚，使用圆形钻孔 $D' = W + 0.5mm$		
椭圆形管脚，使用椭圆形钻孔 $W' = W + 0.5mm$ $H' = H + 0.5mm$		

5.8.3　沉板元件的特殊设计要求

1. 开孔尺寸

元件四周开孔尺寸应保证比元件最大尺寸单边大 0.2mm（8mil），这样可以保证元件装配的时候能正常放进去。有的设计者按照数据手册做了封装，但是实际中做出板子来放不下，往往就是因为这个原因。

2. 丝印标注

为了在板上能清楚地看到该元件所处位置，它的丝印在原有基础上外扩 0.25mm，保证丝印在板上，丝印必须避让焊盘的阻焊层，根据具体情况向外让或切断丝印。

图 5-35 给出了一个沉板的 RJ45 接口进行示例。

图 5-35　RJ45 接口沉板式封装

5.8.4　阻焊层设计

阻焊层就是 Solder Mask，是指印制电路板上要上绿油的部分。实际上这阻焊层使用的是负片输出，所以在阻焊层的形状映射到板子上以后，并不是上了绿油阻焊，反而是露出了铜皮。阻焊层的主要目的是防止波峰焊焊接时桥连现象的产生。

一般常规设计的时候采取单边开窗 2.5mil 的方式即可，如图 5-36 所示。如果有特殊要求的，需要在封装里面设计或者利用软件的规则进行约束。

图 5-36　阻焊层单边开窗 2.5mil

5.8.5　丝印设计

（1）元件丝印，一般默认字符线宽为 0.2032mm（8mil），建议不小于 0.127mm（5mil）。

（2）焊盘在元件体之内时，轮廓丝印应与元件体轮廓等大，或者丝印比元件体轮廓外扩 0.1～0.5mm，以保证丝印与焊盘之间保持 6mil 以上的间隙；焊盘在元件体之外时，轮廓丝印与焊盘之间保持 6mil 及以上的间隙，如图 5-37 所示。

（3）管脚在元件体的边缘上时，轮廓丝印应比元件体大 0.1～0.5mm，丝印为断续线，丝印与焊盘之间保持 6mil 以上的间隙；丝印不要上焊盘，以免引起焊接不良，如图 5-38 所示。

图 5-37　丝印与焊盘之间的间隙　　　　　图 5-38　丝印为断续线的表示方法

5.8.6　元件 1 脚、极性及安装方向的设计

元件 1 脚标识可以表示元件的方向，防止在装配的时候出现芯片、二极管、极性电容等装反的现象，有效地提高了生产效率和良品率。

元件 1 脚、极性及安装方向的设计如表 5-5 所示，放置时注意丝印与焊盘之间仍然需要保持 6mil 以上的间隙。

表 5-5　元件 1 脚、极性及安装方向的设计

文　字　描　述	图　形　描　述
圆圈 "〇"	
正极极性符号 "+"	
片式元件、IC 类元件等的安装标识端用 0.6～0.8mm 的 45°斜角表示	
BGA 的 "A"、"1"（2 号字）	
IC 类元件管脚超过 64，应标注管脚分组标识符号。分组标识符号用线段表示，逢 5、逢 10 分别用长为 0.6mm、1mm 的线段表示	

文 字 描 述	图 形 描 述
接插件等类型的元件一般用文字"1"、"2"、"N-1""N"标识第 1、2 和第 N-1、N 脚	

5.8.7 常用元件丝印图形式样

为了方便设计师设计标准的封装，在此列出了一些常见的标准规范封装的式样，可供参考，如表 5-6 所示。

表 5-6　常用元件丝印图形式样

元 件 类 型	常见图形式样	备　注
电阻	1　2	无
电容	1　2	(1) 无极性 (2) 中间丝印未连接
胆电容	＋　1　2	(1) 要标出正极极性符号 (2) 有双线一边为正极
二极管	＋　2　1	要标出正极极性符号
三极管 / MOS 管	3　1　2	
SOP	1 2 3 4　8 7 6 5	(1) 1 脚标识清晰 (2) 管脚序号正确

元 件 类 型	常见图形式样	备　　注
BGA		用字母"A"及数字"1"标出元件 1 脚及方向
插装电阻	水平安装 立式安装	注意安装空间
插装电容	极性电容 非极性电容	注意极性方向标识

5.9　3D 封装创建

近年来,Altium 公司在 Altium Designer 6 系列以后不断加强三维显示的能力,可以帮助 PCB 工程师更直观地进行 PCB 设计。Altium Designer 的 3D PCB 设计比较简单,只需要拥有建立所需库的 3D 模型就可以了(即工作就在库的设计)。

那么 3D 模型怎么来呢? 有以下 3 种来源。

(1)用 Altium Designer 自带的 3D Body,则建简单的 3D 模型构架。

(2)在相关网站供应商处下载 3D 模型,导入 3D Body。

(3)用 SolidWorks 等专业三维软件来建立。

5.9.1　常规 3D 模型绘制

用 Altium Designer 自带的 3D Body,可以创建简单的 3D 模型构架。下面以 0603C 封装为例进行简单介绍。

(1)导入打开常用的封装库,选择 0603C 封装,如图 5-39 所示。

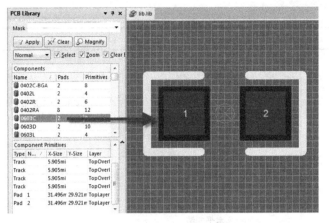

图 5-39　选择 0603C 封装

（2）首先确定 Mechanical 层打开，因为 3D Body 只有在 Mechanical 层可有效放置成功。跳转到 Mechanical 层，执行菜单命令"Place-Place 3D Body"，会出现如图 5-40 所示的 3D 模型模式选择及参数设置对话框。

图 5-40　3D 模型模式选择及参数设置对话框

（3）这里是自己手工绘制简单的 3D 模型，所以此处选择绘制模型模式，按照 0603C 封装规格在高度信息填写处填写参数，如图 5-41 所示。

（4）按照实际尺寸绘制 0603C 的边框（自绘制的一般是颜色丝印本体绘制即可），如图 5-42 所示，绘制好的网状范围即 0603C 的实际尺寸。

（5）绘制完成之后一般会切换到 3D 模式下，验证之前一般先检查下 3D 显示选项设置是否正常，按快捷键"L"打开 3D 显示选项设置对话框，如图 5-43 所示，按照图示标记设置相关选项。

图 5-41　0603C 封装规格及填写参数

图 5-42　绘制 3D Body

图 5-43　3D 显示选项设置

（6）设置好之后，可以在库编辑界面再切换到 3D 视图（按快捷键 "3"），可以查看绘制好的 3D Body 的效果，如图 5-44 所示。

图 5-44　绘制好的 3D Body

　　（7）存储绘制好的 3D 封装库，在 PCB 封装列表中单击鼠标右键，执行"Update PCB With 0603C"命令，更新此库到 PCB 中即可。同样，在 PCB 中切换到 3D 视图，即可查看效果，如图 5-45 所示。

图 5-45　PCB 中 3D 效果预览

5.9.2　异形 3D 模型绘制

　　对于一些异形的 PCB 封装，会针对其进行异形的 3D Body 绘制，如 PCB 上常用到的屏蔽罩等，此时可以利用 Altium Designer 中多边形闭合图形自动生成 3D Body。

　　（1）新建一个空白的 PCB 元件，在 Mechanical 层中绘制一个拥有闭合区域的屏蔽罩，一定要是闭合的，否则无法创建，如图 5-46 所示。

　　（2）执行菜单命令"Tools-Manage 3D Bodies for Current Component"，出现 3D Body，然后拉伸缺口使缺口重合，如图 5-47 所示。

　　（3）双击刚刚创建好的 3D Body，添加屏蔽罩的高度及其他各项参数信息。

　　（4）结合常规 3D Body 的绘制方法绘制屏蔽罩的顶盖，如图 5-48 所示。

图 5-46　屏蔽罩 2D 元素

图 5-47　创建异形 3D Body

图 5-48　屏蔽罩顶盖 3D Body 绘制

（5）切换到 3D 视图，即可查看到所绘制的屏蔽罩 3D 效果图，如图 5-49 所示。

图 5-49　屏蔽罩 3D 效果图

5.9.3　3D STEP 模型导入

对于一些复杂的 3D Body，可以利用第三方软件进行创建或者通过第三方网站下载资源。保存为格式为.STEP 的文件之后，利用模型导入方式进行 3D Body 的放置，下面对这种方法进行介绍。

（1）同样导入打开常用的封装库，选择 0603C 封装，如图 5-50 所示。

图 5-50　选择 0603C 封装

（2）跳转到 Mechanical 层，执行菜单命令"Place-Place 3D Body"，会出现如图 5-51 所示的对话框，此时不再选择绘制模型模式，而是选择模型导入模式，单击加载 0603C 的 STEP 格式的 3D Body。

图 5-51　STEP 格式的 3D Body 导入选项

（3）按照图 5-51 设置好想要的参数，单击"OK"按钮，可将 3D Body 放置到相应的焊盘位置，切换到 3D 视图，查看放置效果，如图 5-52 所示。

图 5-52　放置好的 3D Body

（4）此时可以看到模型斜了，需要进行手工调整。在 3D 视图下双击模型，出现之前如图 5-51 所示的对话框，可以调整 X、Y、Z 的坐标直到模型放置正确，如图 5-53 所示。

图 5-53　3D Body 的参数调整及正确视图

（5）同样，存储制作好的 3D 封装库，更新此库到 PCB 中，切换到 3D 视图，即可查看制作的 3D 效果，如图 5-54 所示。

图 5-54　3D PCB 设计效果图

 小助手提示

由于设计封装时，一般要考虑余量，封装焊盘会做得比实际大一些，而通过 STEP 格式导入的 3D 模型为实际大小，和 PCB 会存在一定的差异，此时采取居中放置即可。

一些常见的模型作者进行了整理，可以到 PCB 联盟网进行下载，或者直接联系作者进行索要。

5.10 集成库

5.10.1 集成库的创建

集成库的创建是在元件库和 PCB 库的基础上进行的。它可以让原理图的元件关联好 PCB 封装、电路仿真模块、信号完整性模块、3D 模型等文件，方便设计者直接调用存储。集成库具有很好的共享性，特别适合于公司集中管理。

下面介绍集成库的创建方法。

（1）执行菜单命令"File-New-Project-Integrated Library"，新建一个集成库工程文件。

（2）执行菜单命令"File-New-Library-Schematic Library"，新建一个元件库文件。

（3）执行菜单命令"File-New-Library-PCB Library"，新建一个 PCB 库文件。

如图 5-55 所示保存以上 3 个新建的文件：右键单击新建的文件，选择保存。

图 5-55　保存 3 个新建的文件

（4）按照前文提到过的创建元件和创建 PCB 封装的方法，创建电阻元件，分别在元件库和 PCB 库中添加库元素，如图 5-56 和图 5-57 所示。此处以电阻（0805R、0603R、0402R）为例进行说明，添加 0805R、0603R、0402R 封装。

图 5-56　为元件库添加相对应的 PCB 库 1

图 5-57 为元件库添加相对应的 PCB 库 2

（5）添加好之后，元件库中的元件和 PCB 库中的 PCB 封装其实还是没有关联的，需要对这个库工程文件进行编译才行。在库工程文件上单击鼠标右键，执行"Compile Integrated Library Integrated-Library1.LibPkg"命令，对其进行编译操作，如图 5-58 所示。

图 5-58 编译库工程文件

（6）编译完成之后，在文件夹"Project Outputs for Integrated_Library1"中，会自动生成一个"Integrated_Library1.IntLib"文件，这个文件就是集成库文件，如图 5-59 所示。

图 5-59 集成库文件

5.10.2 集成库的离散

反过来，我们有时候会从同事那里复制他们的集成库，但是因为考虑到需要与我们自己的库进行关联，这个时候需要把他们的集成库离散开来，方便我们来修改和关联，那么如何做呢？

（1）双击打开需要离散的 PCB 集成库文件，系统会自动提示一个如图 5-60 所示的对话框，可以选择下一步操作："Extract Sources"（离散集成库）、"Install Library"（安装集成库）、"Cancel"（取消）。

（2）单击"Extract Sources"，离散这个集成库，可以看到如图 5-61 所示分散开的元件库文件和 PCB 库文件，如果需要编辑，双击它们，单独编辑即可。

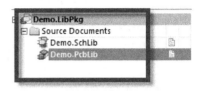

图 5-60　离散集成库　　　　　　　　　图 5-61　离散之后的元件库文件及 PCB 库文件

5.10.3　集成库的安装与移除

集成库创建完成后，如何对创建好的集成库进行调用呢？这时就涉及集成库的安装使用了。

（1）如图 5-62 所示，单击右侧面板栏中的"Libraries"，在弹出的对话框中，会默认显示当前已经安装好的集成库，如果不是自己想要的，可以再次单击当前界面左上角的"Libraries..."按钮，进入库使能界面，如图 5-63 所示。

（2）对于"Project"选项卡，加载的封装库只对当前工程有作用，如果当前工程需要额外的封装库，则可以单击右下角的"Add Library..."按钮进行添加。

（3）使用"Installed"选项卡，可以对集成库安装，安装库文件可以针对所有的工程都有用，单击"Install..."按钮（如图 5-64 所示），添加"Project Outputs for Integrated_Library1"文件夹中的集成库文件"Integrated_Library1.IntLib"，即表示安装成功。

图 5-62　单击右侧面板栏中的"Libraries"　　　　　　图 5-63　库使能界面

（4）对于不需要的集成库文件，可以在选中之后单击"Remove"按钮（如图 5-64 所示）进行移除。同样，可以根据目前的安装集成库，使用"Move Up"或者"Move Down"按钮来调整默认的顺序。

图 5-64　集成库的安装与移除

5.11　本章小结

本章主要讲述了 PCB 库编辑界面、标准 PCB 封装与异形 PCB 封装的创建方法、PCB 封装的设计规范及要求，还拓展了 3D 封装的创建方法，丰富了 PCB 设计的色彩，最后概述了集成库的创建、离散、安装、移除，方便后期元件及封装的调用，让读者充分理解元件库、PCB 库及它们之间的相互关联性。

为了方便读者学习，作者为本书提供了丰富的 2D 标准库和 3D 库文件，读者可以从 PCB 联盟网获取，或者联系作者获取。

第 6 章

PCB 设计开发环境及快捷键

新一代 Altium Designer 集成了相当强大的开发管理环境，能够有效地对设计的各项文件进行分类及层次管理。本章通过图文的形式介绍 PCB 设计开发环境最常用的视图和命令，并对各类操作的快捷键和自定义快捷键进行了介绍。

 学习目标

➤ 熟悉了解常用窗口、面板的调用方式和路径
➤ 掌握 PCB 设计常用操作命令
➤ 了解系统快捷键的组合方式
➤ 学会快捷键自定义的方法
➤ 学会解决设置过程中快捷键的冲突问题

6.1 PCB 设计工作界面介绍

6.1.1 PCB 设计交互界面

与 PCB 库编辑界面类似，PCB 设计交互界面主要包含菜单栏、工具栏、绘制工具栏、工作面板、层显示、状态信息显示及绘制工作区域，如图 6-1 所示。丰富的信息及绘制工具组成了非常人性化的交互界面。状态信息及工作面板会随绘制工作的不同而有所不同，读者可以根据自己的操作进行实时体验。

6.1.2 PCB 对象编辑窗口

在 PCB 设计交互界面的右下角执行命令 "PCB-PCB"，可以调出 PCB 对象编辑窗口，如图 6-2 所示。该窗口主要涉及对 PCB 相关的对象进行编辑操作，如元件选择、差分添加、铜皮管理、孔分类信息等，可以专门以总体的形式进行处理。

6.1.3 PCB 设计常用面板

Altium Designer 提供非常丰富的面板，为 PCB 设计效率的提高起到了很大的促进作用。

（1）执行右下角的 "System" 命令，可以从中调出 "Projects"、"Libraries"、"Messages" 等面板，如图 6-3 中左图所示。

（2）执行右下角的"PCB"命令，可以从中调出"PCB Filter"、"PCB Inspector"等实用面板，如图 6-3 中右图所示。

图 6-1　PCB 设计交互界面

图 6-2　PCB 对象编辑窗口的调用

图 6-3　PCB 设计常用面板的调用

6.1.4 PCB 设计工具栏

Altium Designer 提供非常实用的工具栏及工具操作命令，直接在 PCB 设计交互界面单击即可激活所需要的操作命令，增强了人机交互的联动性。

这里针对 PCB 设计常用操作命令，进行介绍说明。

1. 常用布局布线放置命令

对于各种电气属性的连接，可以通过走线、敷铜、放置填充等操作来实现。Altium Designer 提供丰富的放置电气连接元素的命令，如表 6-1 所示。

表 6-1　常用布局布线放置命令

命　令　图　标	对应菜单命令	功　能　说　明
	Active Route Selected Items	区域自动布线
	Place Interactive Routing	放置电气导线
	Place Interactive Differential Routing	放置差分走线
	Place PAD	放置焊盘
	Place Via	放置过孔
	Place Fill	放置填充
	Place Polygon Plane	放置敷铜
	Place String	放置字符串
	Place Component	放置元件

2. 常用绘制命令

除了放置电气属性元素之外，经常需要绘制一些非电气性能的辅助线及图表，可以利用常用绘制命令，如表 6-2 所示。

表 6-2　常用绘制命令

命　令　图　标	对应菜单命令	功　能　说　明
	Place Line	放置 2D 线
	Place Standard	放置任意两点的距离标识
	Place Coordinate	放置相对坐标点
	Set Origin	放置坐标原点
	Place Arc by Edge（Any Angle）	放置任意圆弧
	Place Full Circle Arc	放置实心圆
	Paste Array	阵列粘贴

3．常用排列与对齐命令

类似于原理图的排列与对齐命令，PCB 设计也有同样的排列与对齐命令，并且用得比原理图更加频繁，如表 6-3 所示。

表 6-3　常用排列与对齐命令

命 令 图 标	对应菜单命令	功 能 说 明
	Align Left	向左对齐
	Align Right	向右对齐
	Align Top	向上对齐
	Align Bottom	向下对齐
	Distribute Horizontally	横向等间距
	Distribute Vertically	垂直等间距
	Arrange Component Inside Area	在框选区域排列元件

4．常用尺寸标注命令

设计当中，经常需要用到尺寸标注。清晰的尺寸标注，有助于设计师或者客户对设计进行清晰的尺寸大小认识。常用尺寸标注命令如表 6-4。

表 6-4　常用尺寸标注命令

命 令 图 标	对应菜单命令	功 能 说 明
	Place Linear Dimension	放置线性尺寸标注
	Place Angular Dimension	放置角度尺寸标注
	Place Standard Dimension	放置任意两点的尺寸标注
	Place Datum Dimension	放置数据尺寸标注
	Place Baseline Dimension	放置基线尺寸标注

6.2　常用系统快捷键

Altium Designer 自带很多组合快捷键，可以多次执行字母按键组合成需要的操作，很是方便。那么组合快捷键如何得来呢？

其实，系统的组合快捷键都是依据菜单中命令的下画线字母组合起来的。如图 6-4 所示，对于"Place-Line"这个命令，"Place"的"P"下面有一根下画线，"Line"的"L"下面有一根下画线，那么组合的快捷键就是"PL"。平时多记忆操作这些快捷的组合方式，有利于 PCB 设计效率的提高。

Altium Designer 也推荐很多默认的快捷键，这些是由操作英文首字母构成的，下面对其列出，相信在实际项目中会给读者带来很大的帮助。

图 6-4　放置 2D 线

（1）L：打开层设置开关选项（在元件移动状态下，按下"L"键换层）。

（2）S：打开选择，如 S+L（线选）、S+I（框选）、S+E（滑动选择）。

（3）J：跳转，如 J+C（跳转到元件）、J+N（跳转到网络）。

（4）Q：英寸和毫米相互切换。

（5）Delete：删除已被选择的对象，E+D 点选删除。

（6）按鼠标中键向前后推动或者按 Page Up、Page Down：放大、缩小。

（7）小键盘上面的"+"、" "，点选下面层选项：切换层。

（8）A+T：向上对齐。A+L：向左对齐。A+R：向右对齐。A+B：向下对齐。

（9）Shift+S：单层显示与多层显示切换。

（10）Ctrl+M：哪里要测点哪里。R+P：测量边距。

（11）空格键：翻转选择某对象（导线、过孔等），同时按"Tab"键可改变其属性（导线长度、过孔大小等）。

（12）Shift+空格键：改走线模式。

（13）P+S：字体（条形码）放置。

（14）Shift+W：线宽选择。Shift+V：过孔选择。

（15）T+T+M：不可更改间距的等间距走线。P+M：可更改间距的等间距走线。

（16）Shift+G：走线时显示走线长度。

（17）Shift+H：显示或关闭坐标显示信息。

（18）Shift+M：显示或关闭放大镜。

（19）Shift+A：局部自动走线。

此处仅列出以上最常用的一些快捷键，其他快捷键可以参考系统帮助文件中的快捷键（在不同的界面检索出来的会不相同），执行命令"Shortcuts"即可调出来，如图 6-5 所示。

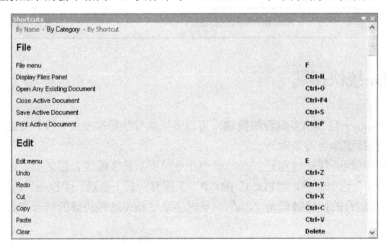

图 6-5　系统快捷键

128

6.3　快捷键的自定义

由于 Altium Designer 的快捷键多种多样，如果利用系统默认的快捷键来进行 PCB 设计，特别是那种执行 3 次按键的组合键，我们速度优先，那么这时候是否可以把这类默认的快捷键设置为我们自己喜欢的、只需要按键一次的快捷键呢？这个涉及快捷键自定义的方法。自定义快捷键更加方便了设计，同时也存在个性化设置。

目前，Altium Designer 的自定义快捷键设置方法大概可以分为两种。

6.3.1　菜单选项设置法

（1）在菜单栏空白处单击鼠标右键，执行"Customize..."命令，如图 6-6 所示。

（2）打开如图 6-7 所示的对话框，在左边栏中适配"All"，在右边栏中找到需要设置快捷键的栏目双击，如图 6-7 所示，进入快捷键设置界面。

图 6-6　执行"Customize..."命令　　　　图 6-7　选择需要设置快捷键的栏目

（3）在"Alternative"栏中输入需要设置的快捷键，如"F2"，同时可以给设置的快捷键设置个性化图标，按住图标拖动到菜单栏上面，如图 6-8 所示。

当发现与其他设置键有冲突时，如果一定要用此设置项，如图 6-9 所示，可以把之前的设置清除，再按照上述方法重新设置。

小 助 手 提 示

对于自己首次设置的快捷键，可以在表格里面进行一个记录，方便后期记忆，熟悉之后就可以忽略了。

6.3.2　Ctrl+左键单击设置法

把鼠标指针放置在需要设置的图标上，再执行"Ctrl+左键单击这个图标"，可以直接进入快捷键设置界面，如图 6-10 所示。同样按照上面的快捷键设置方法，完成设置。

图 6-8　设置快捷键及设置快捷图标

图 6-9　快捷键清除　　　　　　　　　　　　图 6-10　快捷键的设置

　　设置快捷键最好不要选择英文字母键,而是选择键盘上的功能键F2至F10及数字小键盘。因为系统默认的快捷键基本上是字母键组合的,这里不设置是为了避免系统快捷键和自定义快捷键识别混乱。

　　为了使读者更加充分地学习到快捷键的重要性和设置方法,作者专门录制了一套快捷键设置方法的视频教程,欢迎读者联系作者获取学习。

　　同时,这里作者推荐了一份自己设置的快捷键,仅供读者参考学习,如表6-5所示。

表 6-5 作者推荐的自己设置的快捷键

键 盘 名	Esc		F1	F2	F3	F4	F5	F6	F7
执 行 动 作	退出		帮助	电气走线	放置过孔	敷铜	颜色开关	矩形框放置元件	交互映射
Alt+			测量边缘距离	差分走线	放置填充	重新敷铜			
键 盘 名		1	2	3	4	5	6	7	8
执 行 动 作	删除	选择物理连接	线选	框选	单线等长	保持原间距走线	坐标移动	割铜	
Alt+	删除物理连接	显示长度	测量中心距	移动选择	差分等长	等间距走线			

6.4 本章小结

本章主要介绍了 Altium Designer 的 PCB 设计工作界面、常用系统快捷键和自定义快捷键，让读者对各个面板及快捷键有一个初步的认识，为后面进行 PCB 设计及提高设计效率打下一定的基础。

第 7 章

流程化设计——PCB 前期处理

一个优秀的电子工程师不但要原理图制作完美，也要求 PCB 设计完美，而 PCB 画得再完美，一旦原理图出了问题，也是前功尽弃，有可能要从头再来。原理图和 PCB 是相辅相成的，原理图的设计和检查是前期准备工作，经常见到初学者直接跳过这一步开始绘制 PCB，这样的做法得不偿失。对于一些简单的板子，如果熟悉流程，可以跳过。但对初学者而言，一定要按照流程来，这样一方面可以养成良好的习惯，另一方面处理复杂电路时也能避免出现错误。由于软件的差异性及电路的复杂性，有些单端网络、电气开路等问题不经过相关检测工具检查就盲目生产，等板子生产完毕，错误就无法挽回了，所以 PCB 流程化设计是很必要的。

 第7章至第9章学习目标

➤ 掌握原理图的常见编译检查及 PCB 的完整导入方法
➤ 掌握板框的绘制定义及叠层
➤ 掌握交互式布局及模块化布局操作
➤ 掌握常用类及规则的创建与应用
➤ 掌握常用走线技巧及铜皮的处理方式
➤ 掌握差分线的添加及应用
➤ 熟悉蛇形线的走法及常见等长方式处理

由于篇幅限制，书中有些操作步骤叙述不够详细的，可以参考凡亿 PCB（www.fany-online.com）录制的 PCB 设计演示视频教程，相信读者可以更快速地上手 PCB 设计。

7.1 原理图封装完整性检查

在执行原理图导入 PCB 操作之前，通常需要对原理图封装的完整性进行检查，以确保所有的元件都存在封装或者路径匹配好，以避免出现无法导入或者导入不完全的情况。

图 7-1　执行菜单命令进入封装管理器

7.1.1 封装的添加、删除与编辑

（1）对于封装检查，一个一个地去检查是非常麻烦的，Altium Designer 提供一个集中管理元件的功能。执行菜单命令 "Tools-Footprint Manager..."，如图 7-1 所示，进入封装管理器，

可以查看及管理所有元件的封装信息。

（2）在如图 7-2 所示的封装管理器中，原理图中涉及的元件都在"Component List"里面进行了显示，单击"Current Footprint"，可对同类型的封装进行集中排序，方便设计者按照封装类型去检查封装的完整性，若某个元件没有添加封装，会优先在前排显示处理。

如果选中元件没有封装，可以在右侧按"Add…"按钮添加新的封装。添加方法可以参考前面封装创建的内容。

图 7-2　封装的检查与操作

（3）在封装管理器中，可以对一个或多个元件进行封装的添加、删除、编辑等操作，同时可以通过 Comment 值筛选，局部或全局更改（或添加）同类型元件封装名，如图 7-3 所示。

图 7-3　通过 Comment 值筛选同类型元件

（4）对封装进行完编辑或添加等操作之后，按右下角的"Accept Changes（Create ECO）"按钮，在所得到的对话框中，对更新内容单击"Execute Changes"按钮，更新到原理图当中，如图 7-4 所示。

图 7-4　更新封装信息

7.1.2　库路径的全局指定

很多原理图工程师喜欢从系统自带库或者自己积累的 PCB 库中调用封装，将原理图关联的封装指定在本地某个文件路径下面，但是当移动工程到另外一台电脑上时，由于另外一台电脑不存在指定路径下的库，原理图元件就没办法识别匹配到 PCB 库了，需要同时复制 PCB 库来重新指定路径，让其相关联。

这个时候同样存在一个问题，就是效率问题。是一个一个改，还是可以统一改掉？这里同样需要用到封装管理器。

（1）在指定库路径前，要移除 PCB 中已关联的系统库。打开 PCB 设计交互界面，单击右下角"System"菜单中的"Libraries"命令，如图 7-5 所示，可调出如图 7-6 中左图所示的 Libraries面板。

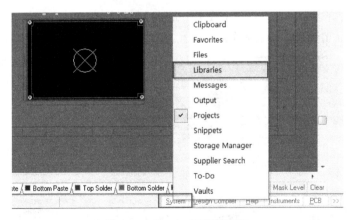

图 7-5　Libraries 面板的调用

（2）在如图 7-6 中左图所示的 Libraries 面板中，单击"Libraries…"按钮，进入库的安装编辑界面，从中选择"Installed"下的所有库，再单击"Remove"按钮，完成系统关联库的移除操作。

图 7-6　进入库的安装编辑界面

（3）执行菜单命令"Tools-Footprint Manager…"，进入封装管理器，全选左框中所有元件和右框中所有封装名，在右框中单击鼠标右键，选择下拉菜单中的"Change PCB Library"命令，如图 7-7 所示，在如图 7-8 所示的匹配路径对话框中，选择"Any"项，可以实现工程目录下多个 PCB 库的任意匹配，或者可以选择"Library path"项，选择指定的路径。

图 7-7　批量修改封装匹配

图 7-8　PCB 库路径的匹配

小助手提示

如果项目比较多，建议以项目为单位管理库文件，路径匹配直接选择"Any"项，避免路径匹配带来的烦琐问题。

（4）修改完库的匹配路径后，单击"OK"按钮，然后按封装管理器右下角的"Accept Changes（Create ECO）"按钮，在所得到的对话框中，单击"Execute Changes"按钮，即可完成全局指定 PCB 库路径的操作，如图 7-9 所示。

图 7-9　执行变更

7.2　网表及网表的生成

7.2.1　网表

网表，顾名思义，就是网络连接和联系的表示，其内容主要是电路图中各个元件类型、封装信息、连接流水序号等数据信息。在使用 Altium Designer 进行 PCB 设计时，可以通过导入网络连接关系进行 PCB 的导入。当今几大主流 PCB 设计软件都支持 Altium Designer 格式网表导出，这也极大地提高了 Altium Designer 对其他类设计软件的兼容性，如图 7-10 所示。

图 7-10　PCB 的网表导入方法——殊途同归

7.2.2　Protel 网表的生成

（1）用 Protel 打开原理图，在原理图界面执行菜单命令"Design-Create Netlist..."，如图 7-11 所示，选择输出"Protel"的网表格式，并选择应用范围"Active project"，单击"OK"按钮，即可进行网表输出。

（2）在输出的网表上单击鼠标右键，选择"Export..." 命令，可以对产生的网表设置路径查找，如图 7-12 所示。

图 7-11 Protel 网表输出

图 7-12 网表的导出

7.2.3 Altium 网表的生成

（1）在整个工程下，执行菜单命令"Design-Netlist For Project-Protel"，如图 7-13 所示，这个时候会在 Generated 文件目录下，生成一个包含整个工程的网表。

（2）单击鼠标右键，选择"Explore"命令，寻到所在路径，可以单独调用该网表，如图 7-14 所示。

图 7-13 网表的生成

图 7-14 网表的查找

扩展知识：由 OrCAD 原理图生成 Altium 网表

（1）用 Allegro Design Entry CIS 软件打开 OrCAD 版本的原理图，如图 7-15 中左图所示，一定要先选中主结构的原理图页。

（2）执行菜单命令"Tools-Create Netlist..."或者工具栏中的图标命令 ，准备对网表输出进行设置。

（3）执行完第（2）步操作后，会进入如图 7-16 所示的网表输出设置对话框。

图 7-15　选中原理图并执行命令

图 7-16　网表输出设置

① 选择"Other"选项卡。

② "Part Value"处输入"{Value}"，"PCB Footprint"处输入"{PCB Footprint}"。

③ "Formatters"处选择输出网表格式，这里选择"orprotel2.dll"格式。

④ 设置好输出路径，单击"确定"按钮，网表创建完成。

7.3　PCB 的导入

Altium Designer 的原理图设计导入 PCB，存在两种方法：一种是直接导入法，类似于 Allegro 的第一方导入；另一种是间接法，即网表对比导入法。

7.3.1　直接导入法（适用 Altium Designer 原理图）

导入之前必须创建好相关工程，对于"Free Document"类型的原理图是无法导入的。

（1）在完整工程下，双击打开原理图，在原理图编辑界面执行菜单命令"Design-Update PCB Document DEMO.PcbDoc"，或者在 PCB 设计交互界面执行菜单命令"Design-Import Changes From DEMO.PrjPCB"，如图 7-17 所示。

图 7-17　Altium Designer 的直接导入

（2）进入如图 7-18 所示的导入执行窗口，使用"Execute Change"按钮可以进行导入操作，通过右边的"Status"可以查看导入状态，"✓"表示导入没问题，"✗"表示导入存在问题。通过发现导入问题、修正问题、再导入的重复操作，直至"Status"中全部为"✓"为止。

图 7-18　导入执行窗口

对于导入的常见的一些问题解决办法，作者在 PCB 联盟网论坛的百问百答板块进行了详细的说明，大家可以以问答的方式学习。

7.3.2　网表对比导入法（适用 Protel、OrCAD 等第三方软件）

（1）在工程目录下单击鼠标右键，执行"Add Existing to Project..."命令，把需要对比导入的网表添加到工程中，如图 7-19 所示。

（2）选中加入工程的网表，右键选择执行"Show Differences…"命令，如图 7-19 所示，进入如图 7-20 所示的网表对比窗口，并按照图示序号操作。

① 勾选"Advanced Mode"。

② 选择左边需要导入的网表。

③ 选择右边需要更新进入的 PCB，单击"OK"按钮。

（3）出现对比结果反馈窗口，如图 7-21 中左图所示，继续右键选择执行"Update All in>> PCB Document [DEMO.PcbDoc]"命令，即把网表和 PCB 对比的相关所有结果准备导入进去 PCB。

（4）执行左下角的"Create Engineering Change Order..."命令，进入和直接导入法一样的导入执行窗口，如图 7-21 中右图所示，单击"Execute Changes"按钮更新进入 PCB 即可。导入效果图如图 7-22 所示。

图 7-19　把需要对比导入的网表添加到工程中并执行对比命令　　图 7-20　网表对比导入法

图 7-21　对比结果反馈窗口及导入执行窗口

图 7-22　导入效果图

7.4 板框定义

很多消费类板卡的结构都是异形的，由专业的 CAD 结构工程师对其进行精准的设计，PCB 布线工程师可以根据结构工程师提供的 2D 图（DWG 或 DXF 格式）进行精准的导入操作，在 PCB 中定义板型结构。

同时，对于一些工控板或者开发板，往往板框都是一个规则的圆形或者矩形，这种类型的板框，可以通过手工进行绘制并定义。板框结构图的导入如图 7-23 所示。

图 7-23　板框结构图的导入

7.4.1　DXF 结构图的导入

在进行结构导入之前，建议把 CAD 文件版本转换至 2004 及以下，这样导入的时候，Altium Designer 兼容性会更高。

（1）创建一个新的 PCB 文件，并打开新建的 PCB，执行菜单命令"File-Import-DXF / DWG"，选择需要导入的 DXF 文件，如图 7-24 所示。

图 7-24　DXF 文件的导入

若这里无法选择 DXF 或者 DWG 格式，请参照后文高级应用技巧中提到的关于插件的安装方法，先进行插件的安装，再来操作。

（2）导入属性设置窗口如图 7-25 所示。

① 设置导入的单位（注意：需和 CAD 单位保持一致）。

② 设置比例尺，即 CAD 放大缩小系数。

③ "Layer Mappings"处选择 CAD 文件需要导入到的层。

④ 为方便识别，可以单个更改导入的层数，也可以全部更改到某一层。

图 7-25　DXF 文件的导入属性设置

（3）选择要定义的闭合的板框（注意：一定是闭合的板框才行），执行菜单命令"Design-Board Shape-Define from selected objects"，即可完成板框的定义。导入板框效果图如图 7-26 所示，黑色部分为工作区域，灰色部分为非工作区域。

图 7-26　导入板框效果图

🖋 小 助 手 提 示

有时候导入结构图（DXF 格式）会不成功，原因有很多，不过大都可以采用如下方法解决。

（1）新建一个 DXF 格式的 CAD 文件，把原来 DXF 格式的内容，按快捷键"Ctrl+C"复制一份。

（2）全部复制、粘贴到新的 DXF 文件中，然后保存为 2004 版本的 DXF 文件，按照前面介绍的导入处理方法，就可以把结构信息导入 PCB 文件了。

7.4.2　自定义绘制板框

一些比较常见并简单的圆形或者矩形规则板框，在 PCB 中可以直接利用放置 2D 线来进行自定义绘制，也比较直观简单，板框一般放置在机械层或者 Keepout（禁止布线）层。下面以放置在机械 1 层为例进行演示说明。

（1）把当前层切换到"Mechanical 1"层，按快捷键"EOS"，在某个位置放置一个原点，如图 7-27 中左图所示。

（2）执行菜单命令"Place-Line"，单击原点位置开始放置 2D 线，按空格键可以旋转线条放置方向。

（3）对于放置线条的长度尺寸，放置完成后可以双击，然后通过更改线条的顶点开始坐标及末端结束坐标，来精准定义其长度，如图 7-27 中右图所示。

（4）重复上述操作步骤，按照要求绘制出一个封闭的板框区域。

图 7-27　自定义绘制板框

（5）选中所绘制的闭合的板框（一定是闭合的，不然会定义不成功），执行菜单命令"Design-Board Shape-Define from selected objects"，即可完成板框的定义。手绘板框效果图如图 7-28 所示。

图 7-28　手绘板框效果图

7.5　固定孔的放置

对于固定孔的放置，一般分为两种类型：一种是开发板类型固定孔的放置，另一种是导入型板框固定孔的放置。

7.5.1 开发板类型固定孔的放置

对于开发板，因为不需要考虑有外壳，只需 PCBA 即可，对于固定孔的位置及大小要求不那么严格，一般按照常规进行设置即可，如图 7-29 所示。

（1）位置要求：放置在离交流中心间距 X 轴 5mm、Y 轴 5mm 的位置。

（2）大小要求：一般采用直径为 3mm 的非金属化孔。

图 7-29　固定孔的位置及大小要求

7.5.2 导入型板框固定孔的放置

对于导入型板框，其有实物结构模型，固定孔的位置及大小已经定义好，只能严格按照要求的位置和大小精准地放置。

（1）双击导入型板框的固定孔标识，可以从弹出的对话框中看出固定孔的大小及中心 X、Y 轴的坐标信息，如图 7-30 所示，复制这些信息。

图 7-30　固定孔标识信息读取

（2）按快捷键"PP"，放置一个焊盘，按照刚才的信息要求对焊盘属性进行设置，如图 7-31 所示。

① Location：按照固定孔标识的 X、Y 轴的坐标进行输入。

② Hole Size：固定孔尺寸，按照标识的尺寸输入直径尺寸。

③ Plate：金属化和非金属化的选择，固定孔一般为非金属化，但是也有例外，这个根据实际需求进行勾选。

④ Size and Shape：焊盘的大小和形状设置，一般非金属化孔，焊盘和孔等大设置，比如这个例子，孔的大小和焊盘的大小都是 2.4mm。

图 7-31　焊盘属性设置

7.6　叠层的定义及添加

对高速多层板来说，默认的两层设计无法满足布线信号质量及走线密度要求，这个时候需要对 PCB 叠层进行添加，以满足设计的要求。

7.6.1　正片层与负片层

正片层就是平常用于走线的信号层（直观上看到的地方就是铜线），可以用"Track"、"Polygon"等进行大块敷铜与填充操作，如图 7-32 所示。

图 7-32　正片层

负片层则正好相反，即默认敷铜，就是生成一个负片层之后整一层就已经被敷铜了，走线的地方是分割线，没有铜存在。要做的事情就是分割敷铜，再设置分割后的敷铜的网络即可，如图 7-33 所示。

图 7-33　负片层

7.6.2　内电层的分割实现

在 Protel 版本中，内电压是用"Split"来分割的，而现在用的版本 Altium Designer 17 直接用"Line"、快捷键"PL"来分割。分割线不宜太细，可以选择 15mil 及以上。分割敷铜时，只要用"Line"画一个封闭的多边形框，再双击框内敷铜设置网络即可，如图 7-34 所示。

图 7-34　双击给予网络

正、负片都可以用于内电层，正片通过走线和敷铜也可以实现。负片的好处在于默认大块敷铜填充，再进行添加过孔、改变敷铜大小等操作都不需要重新"Rebuild"，这样省去了重新敷铜计算的时间。中间层用电源层和 GND 层（也称地层、地线层、接地层）时，层面上大多是大块敷铜，这样用负片的优势就很明显。

7.6.3　PCB 叠层的认识

随着高速电路的不断涌现，PCB 的复杂度也越来越高，为了避免电气因素的干扰，信号层和电源层必须分离，所以就牵涉到多层 PCB 的设计。在设计多层 PCB 之前，设计者需要首先根据电路的规模、电路板的尺寸和电磁兼容（EMC）的要求来确定所采用的电路板结构，也就是决定采用 4 层、6 层，还是更多层数的电路板。这就是设计多层板的一个简单概念。

确定层数之后，再确定内电层的放置位置及如何在这些层上分布不同的信号。这就是多层 PCB 叠层结构的选择问题。叠层结构是影响 PCB 的 EMC 性能的一个重要因素，一个好的叠层设计方案将会大大减小电磁干扰（EMI）及串扰的影响。

板的层数不是越多越好，也不是越少越好，确定多层 PCB 的叠层结构需要考虑较多的因素。

从布线方面来说，层数越多越利于布线，但是制板成本和难度也会随之增加。对生产厂家来说，叠层结构对称与否是 PCB 制造时需要关注的焦点。所以，层数的选择需要考虑各方面的需求，以达到最佳的平衡。

对有经验的设计人员来说，在完成元件的预布局后，会对 PCB 的布线瓶颈处进行重点分析，再综合有特殊布线要求的信号线（如差分线、敏感信号线等）的数量和种类来确定信号层的层数，然后根据电源的种类、隔离和抗干扰的要求来确定内电层的层数。这样，整个电路板的层数就基本确定了。

1. 常见的 PCB 叠层

确定了电路板的层数后，接下来的工作便是合理地排列各层电路的放置顺序。图 7-35 和图 7-36 分别列出了常见的 4 层板和 6 层板的叠层结构。

图 7-35　常见的 4 层板的叠层结构

图 7-36　常见的 6 层板的叠层结构

2. 叠层分析

怎么叠层？哪样叠层更好？一般遵循以下几点基本原则。

① 元件面、焊接面为完整的地平面（屏蔽）。

② 尽可能无相邻平行布线层。

③ 所有信号层尽可能与地平面相邻。

④ 关键信号与地层相邻，不跨分割区。

可以根据以上原则，对如图 7-35 和图 7-36 所示的常见的叠层方案进行分析，分析情况如下。

（1）3 种常见的 4 层板的叠层方案优缺点对比如表 7-1 所示。

表 7-1　常见的 4 层板的叠层方案分析

	方 案 图 示	优　点	缺　点
方案 1	PWR01 SIN02 SIN03 GND04	此方案主要为了达到一定的屏蔽效果，把电源、地平面分别放在顶层、底层	（1）电源、地相距过远，电源平面阻抗过大 （2）电源、地平面由于元件焊盘等影响，极不完整 （3）由于参考面不完整，信号阻抗不连续，预期的屏蔽效果很难实现
方案 2	SIN01 GND02 PWR03 SIN04	在元件面下有一个地平面，适用于主要元件在顶层布局或关键信号在顶层布线的情况	/
方案 3	SIN01 PWR02 GND03 SIN04	同方案 2 类似，适用于主要元件在底层布局或关键信号在底层布线的情况	/

通过方案 1 到方案 3 的对比发现，对于 4 层板的叠层，通常选择方案 2 或者方案 3，请结合板子的实际情况和叠层原则来正确选择。

（2）4 种常见的 6 层板的叠层方案优缺点对比如表 7-2 所示。

表 7-2　常见的 6 层板的叠层方案分析

	方 案 图 示	优　点	缺　点
方案 1	SIN01 GND02 SIN03 SIN04 PWR05 SIN06	采用 4 个信号层和两个内部电源／地线层，具有较多的信号层，有利于元件之间的布线工作	（1）电源层和地线层分隔较远，没有充分耦合 （2）信号层 SIN03 和 SIN04 直接相邻，信号隔离性不好，容易发生串扰，在布线的时候需要错开布线

	方案图示	优　点	缺　点
方案2	SIN01→ SIN02→ GND03→ PWR04→ SIN05 SIN06→	电源层和地线层耦合充分。	表层信号层的相邻层也为信号层，信号隔离性不好，容易发生串扰
方案3	SIN01→ GND02→ SIN03→ GND04→ PWR05 SIN06→	（1）电源层和地线层耦合充分 （2）每个信号层都与内电层直接相邻，与其他信号层均有有效的隔离，不易发生串扰 （3）信号层 SIN03 和两个内电层 GND2 和 PWR04 相邻，可以用来传输高速信号。两个内电层可以有效地屏蔽外界对 SIN03 的干扰和 SIN03 对外界的干扰	/
方案4	SIN01→ GND02→ SIN03→ PWR04→ GND05 SIN06→	（1）电源层和地线层耦合充分 （2）每个信号层都与内电层直接相邻，与其他信号层均有有效的隔离，不易发生串扰	/

通过方案 1 到方案 4 的对比发现，在优先考虑信号的情况下，选择方案 3 和方案 4 会明显优于前面两种方案。但是在实际设计中，产品都是比较在乎成本的，然后又因为布线密度大，通常会选择方案 1 来做叠层结构，所以在布线的时候一定要注意相邻两个信号层的信号交叉布线，尽量让串扰降到最低。

（3）常见的 8 层板的叠层推荐方案如图 7-37 所示，优选方案 1 和方案 2，可用方案 3。

图 7-37　常见的 8 层板的叠层推荐方案

7.6.4 层的添加及编辑

确认叠层方案之后，如何在 Altium Designer 当中进行层的添加操作呢？下面简单举例说明如下。

（1）执行菜单命令"Design-Layer Stack Manager"或按快捷键"DK"，进入如图 7-38 所示的叠层管理器，进行相关参数设置。

图 7-38　叠层管理器

（2）单击"Add Layer"按钮，可以进行添加层操作，可添加正片或负片。

（3）单击"Move Up"和"Move Down"按钮，可以对添加的层顺序进行调整。

（4）双击相应的 Layer Name，可以更改名称，，一般可以改为 TOP、GND02、SIN03、SIN04、PWR05、BOTTOM 这样，即采用"字母+层序号"，这样方便读取识别。

（5）根据叠层结构设置板层厚度。

（6）为了满足设计的 20H，可以设置负片层的内缩量。

（7）单击"OK"按钮，完成叠层设置。一个 4 层板的叠层效果如图 7-39 所示。

图 7-39　4 层板的叠层效果

小 助 手 提 示

建议信号层采取正片的方式处理，电源层和地线层采取负片的方式处理，可以在很大程度上减小文件数据量的大小和提高设计的速度。

7.7 本章小结

本章主要描述了 PCB 设计开始的前期准备，包括原理图的检查、封装的检查、网表的生成、PCB 的导入、叠层结构的设计等。只有把前期工作做好了，才能更好地把握好后面的设计，保证设计的准确性和完整性。

书中描述的一些设计资料和参考资料，读者可以在 PCB 联盟网的相关读者板块进行获取。

第8章

流程化设计——PCB 布局

一块好的电路板，除了实现电路原理功能之外，还要考虑 EMI、EMC、ESD（静电释放）、信号完整性等电气特性，也要考虑机械结构、大功耗芯片的散热问题，在这基础上再考虑电路板的美观问题，就像进行艺术雕刻一样，对其每一个细节进行斟酌。

8.1 常见 PCB 布局约束原则

在对 PCB 元件布局的时候经常会有以下几个方面考虑。

（1）PCB 板形与整机是否匹配？

（2）元件之间的间距是否合理？有无水平上或高度上的冲突？

（3）PCB 是否需要拼版？是否预留工艺边？是否预留安装孔？如何排列定位孔？

（4）如何进行电源模块的放置及散热？

（5）需要经常更换的元件放置位置是否方便替换？可调元件是否方便调节？

（6）热敏元件与发热元件之间是否考虑距离？

（7）整板 EMC 性能如何？如何布局能有效增强抗干扰能力？

小助手提示

对于元件和元件之间的间距问题，基于不同封装的距离要求不一样和 Altium Designer 自身的特点，如果通过规则设置来进行约束，设置太过复杂，较难实现，一般是在机械层上画线来标出元件的外围尺寸，如图 8-1 所示，这样当其他元件靠近时，就大概知道其间距了，这对于初学者非常实用，也能使初学者养成良好的 PCB 设计习惯。

机械辅助线

图 8-1　机械辅助线

通过以上的考虑分析，可以对常见 PCB 布局约束原则进行如下分类。

8.1.1　元件排列原则

（1）在通常条件下，所有的元件均应布置在 PCB 的同一面上，只有在顶层元件过密时，才能将一些高度有限并且发热量小的元件（如贴片电阻、贴片电容、贴 IC 等）放在底层。

（2）在保证电气性能的前提下，元件应放置在栅格上且相互平行或垂直排列，以求整齐、美观，一般情况下不允许元件重叠，元件排列要紧凑，输入元件和输出元件尽量分开远离，不要出现交叉。

（3）某些元件或导线之间可能存在较高的电压，应加大它们的距离，以免因放电、击穿而引起意外短路，布局的时候尽可能地注意这些信号的布局空间。

（4）带高电压的元件应尽量布置在调试时手不易触及的地方。

（5）位于板边缘的元件，应该尽量做到离板边缘有两个板厚的距离。

（6）元件在整个板面上应分布均匀，不要这一块区域密，另一块区域疏松，提高产品的可靠性。

8.1.2　按照信号走向布局原则

（1）放置固定元件之后，按照信号的流向逐个安排各个功能电路单元的位置，以每个功能电路的核心元件为中心，围绕它进行局部布局。

（2）元件的布局应便于信号流通，使信号尽可能保持一致的方向。在多数情况下，信号的流向安排为从左到右或从上到下，与输入、输出端直接相连的元件应当放在靠近输入、输出接插件或连接器的地方。

8.1.3　防止电磁干扰

（1）对于辐射电磁场较强的元件及对电磁感应较灵敏的元件，应加大它们相互之间的距离，或考虑添加屏蔽罩加以屏蔽。

（2）尽量避免高、低电压元件相互混杂及强、弱信号的元件交错在一起。

（3）对于会产生磁场的元件，如变压器、扬声器、电感等，布局时应注意减少磁力线对印制导线的切割，相邻元件磁场方向应相互垂直，减少彼此之间的耦合。图 8-2 所示为电感与电感垂直 90°进行布局。

图 8-2　电感与电感垂直 90°进行布局

（4）对干扰源或易受干扰的模块进行屏蔽，屏蔽罩应有良好的接地。屏蔽罩的规划如图 8-3 所示。

8.1.4　抑制热干扰

（1）对于发热元件，应优先安排在利于散热的位置，必要时可以单独设置散热器或小风扇，以降低温度，减少对邻近元件的影响，如图 8-4 所示。

图 8-3 屏蔽罩的规划

图 8-4 布局的散热考虑

（2）一些功耗大的集成块、大功率管、电阻等，要布置在容易散热的地方，并与其他元件隔开一定距离。

（3）热敏元件应紧贴被测元件并远离高温区域，以免受到其他发热功当量元件影响，引起误动作。

（4）双面放置元件时，底层一般不放置发热元件。

8.1.5 可调元件布局原则

对于电位器、可变电容器、可调电感线圈、微动开关等可调元件的布局，应考虑整机的结构要求：若是机外调节，其位置要与调节旋钮在机箱面板上的位置相适应；若是机内调节，则应放置在 PCB 上便于调节的地方。

8.2 PCB 模块化布局思路

面对如今的硬件平台的集成度越来越高、系统越来越复杂的电子产品，对于 PCB 布局应该具有模块化的思维，要求无论是在硬件原理图的设计中还是在 PCB 布线中使用模块化、结构化的设计方法。作为硬件工程师，在了解系统整体架构的前提下，首先应该在原理图和 PCB 布线设计中自觉融合模块化的设计思想，结合 PCB 的实际情况，规划好对 PCB 进行布局的基本思路，如图 8-5 所示。

图 8-5　PCB 布局基本思路规划

8.3　固定元件的放置

固定元件的放置类似于固定孔的放置，也是讲究一个精准的位置放置。这个主要是根据设计结构来进行放置的。元件的丝印和结构的丝印进行归中、重叠放置，如图 8-6 所示。板子上的固定元件放置好之后，可以根据飞线就近原则和信号优先原则对整个板子的信号流向进行一个梳理。

图 8-6　固定元件的放置

8.4　原理图与 PCB 的交互设置

为了方便元件的找寻，需要把原理图与 PCB 对应起来，使两者之间能相互映射，简称交互。利用交互式布局可以比较快速地定位元件，从而缩短设计时间，提高工作效率。

（1）为了达到原理图和 PCB 两两交互，需要在原理图编辑界面和 PCB 设计交互界面都执行菜单命令"Tools-Cross Select Mode"，激活交互模式，如图 8-7 所示。

（2）如图 8-8 所示，可以看到在原理图上选中某个元件后，PCB 上相对应的元件会同步被选中，反之在 PCB 上选中某个元件后，原理图上相对应的元件也会被选中。

图 8-7　激活交互模式

图 8-8　交互模式下的选择

8.5　模块化布局

这里介绍一个元件排列的功能，即 Arrange Components Inside Area（矩形元件放置框），可以在布局初期结合元件的交互，方便地把一堆杂乱的元件按模块分开并摆放在一定的区域内。

（1）在原理图上选择其中一个模块的所有元件，这时 PCB 上与原理图相对应的元件都被选中。

（2）单击执行"Arrange Components Inside Area"命令。

（3）在 PCB 上某个空白区域框选一个范围，这时这个功能模块的元件都会排列到这个框选的范围内，如图 8-9 所示。利用这个功能，可以把原理图上所有的功能模块进行快速的分块。

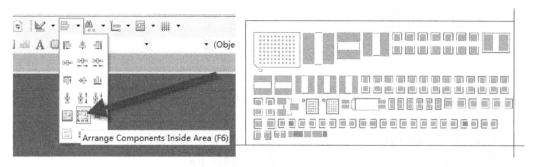

图 8-9　矩形元件放置框与元件的框选排列

模块化布局和交互式布局是密不可分的。利用交互式布局，在原理图上选中模块的所有元件，一个个地在 PCB 上进行排列好，接下来，就可以进一步细化布局其中的 IC、电阻、二极管了，这就是模块化布局，效果图如图 8-10 所示。

图 8-10　模块化布局效果图

小 助 手 提 示

在模块化布局的时候，可以通过"Split Vertical"命令对原理图编辑界面和 PCB 设计交互界面进行分屏处理，如图 8-11 所示，方便我们视图从而快速布局。

图 8-11　Altium Designer 的分屏处理

8.6　布局常用操作

8.6.1　全局操作

对于刚导入 PCB 的元件，其位号大小都是默认的，对元件进行离散排列的时候，位号和元件的焊盘重叠在一起，如图 8-12 所示，不好识别元件，非常不方便。这个时候可以利用 Altium Designer 提供的全局操作功能，把元件的位号先改小放置在元件的中心，等到布局完成之后再用全局操作功能改到合适的大小即可，其具体操作步骤如下。

（1）选中其中一个元件的丝印，单击鼠标右键，执行"Find Similar Object…"命令，如图 8-13 所示。

图 8-12　丝印过大和元件的焊盘重叠

图 8-13　执行"Find Similar Object…"命令

（2）在弹出的如图 8-14 所示的对话框中，对于"Designator"选项，选择"Same"，表示只对同是"Designator"属性的丝印位号进行选择。值得注意的是，对于下方的选择适配项进行选择性的勾选。

① Zoom Matching：对于匹配项进行放大显示。

② Select Matched：对于匹配项进行选择。

③ Clear Existing：退出当前状态。

④ Run Inspector：选择完成之后运行检查工具 Inspector。

（3）选择完成之后，单击"OK"按钮，即运行 Inspector，如图 8-15 所示，将"Text Height"及"Text Width"选项分别更改到"10mil"与"2mil"。

（4）对位号大小进行更改后，全选元件，并按快捷键"AP"，弹出如图 8-16 所示的对话框，把"Designator"放置在元件的中心，单击"OK"按钮。这个时候，丝印位号既不会阻碍视线，也可以分辨出元件位号对应的元件，方便布局了，如图 8-17 所示。

全局操作功能还可以用来修改、编辑元件的锁定、过孔大小、线宽大小等属性，如图 8-18 所示，其操作与上面的操作步骤类似。

图 8-14　全局操作设置 1

图 8-15　全局操作设置 2

图 8-16　元件位号快速放置在元件的中心

图 8-17　元件位号与元件

图 8-18　全局属性的修改

小 助 手 提 示

选择相同属性的对象之后，可以通过集中方式调出 Inspector 窗口，方便我们快速操作。

（1）执行 "Shift+双击"，可用于数量较少对象的全局修改。

（2）按键盘上的功能键 "F11"。

（3）在右下角执行命令 "PCB-PCB Inspector"。

8.6.2 选择

在 PCB 设计中，多种多样的选择是怎么实现的呢？下面介绍选择的方法。

1. 单选

单击鼠标左键可以进行单个选择。

2. 多选

（1）按住"Shift"键，多次单击鼠标左键。

（2）从左上角按住鼠标左键，向右下角拖动鼠标，在框选范围内的对象都会被选中，如图 8-19 所示，框选外面的或者和框选搭边的元件无法被选中。

（3）从右下角按住鼠标左键，向左上角拖动鼠标，框选矩形框所碰到的对象都会被选中，如图 8-20 所示，和框选搭边的元件也被选中了。

图 8-19　从上往下选择　　　　　　　　　　图 8-20　从下往上选择

（4）除了上述选择方法外，Altium Designer 还提供选择命令。选择命令是 PCB 设计中用到最多的命令之一，包括线选、框选、反选等。执行按键命令"S"，弹出选择命令菜单，如图 8-21 所示。在此介绍几种常用的选择命令。

图 8-21　选择命令菜单

① Lasso Select：滑选，按快捷键"SE"，激活滑选命令，在 PCB 设计交互界面滑动，把需要选择的对象包含在滑选滑动的范围之内即可完成选择，如图 8-22 所示。

② Inside Area：框选，按快捷键"SI"，把完全包含在框选范围内的对象进行选中。

③ Outside Area：反选，和框选相反，按快捷键"SO"，把框选范围之外的所有对象进行选中。

④ Touching Line：线选，按快捷键"SL"，可以把走线碰到的对象进行选中，如图 8-23

所示。

⑤ Net：网络选择，按快捷键"SN"，单击一下需要选择的网络，只要和单击的网络相同的对象都会被选中。

● Connected Copper：物理选择，按快捷键"SP"或者"Ctrl+H"，只要物理上相连接的对象（不管网络是否相同）都会被选中。

● Free Objects：选择自由的对象，按快捷键"SF"，可以选中 PCB 上独立放置的一些自由对象，如丝印标识、手工添加的固定孔等。

图 8-22　滑选操作　　　　　　　　　　图 8-23　线选操作

8.6.3　移动

选择完元件或其他对象之后，需要对选择的对象进行移动，移动的方法如下。

（1）将鼠标指针放置在对象上，按住鼠标左键，然后直接移动鼠标，即可完成对象的移动，常见于对单个对象进行移动的情况。

（2）可利用移动命令进行移动。执行按键命令"M"，弹出移动命令菜单，如图 8-24 所示。在此介绍几种常用的移动命令。

① Move Component：移动元件，按快捷键"MC"，弹出选择元件对话框，如图 8-25 所示。选择"Jump to component"时，选择需要移动的元件位号，鼠标指针即激活移动此元件的命令，并且鼠标指针跳放到此元件的位置。选择"Move component to cursor"时，可以直接自己选择单击需要移动的元件。

② Move Selection：移动选择，对象被选中之后，按快捷键"MS"，单击一下空白绘制或移动参考点，即可实现对选中对象的移动。

③ Move Selection by X, Y...：坐标移动，可以实现对选中对象的精准移动，如图 8-26 所示。

④ Move Flip Selection：移动镜像，按快捷键"MI"，对选中对象移动到顶层或者底层，可以实现元件或者走线的换层操作，不过在移动的状态下按快捷键"L"，可以更加快捷地实现此操作。

8.6.4　对齐

其他类设计软件通常是通过网格来对齐元件、过孔、走线的，Altium Designer 提供非常方便的对齐功能，如图 8-27 所示，可以对选中的元件、过孔、走线等元素实行向上对齐、向下对齐、向左对齐、向右对齐、水平等间距对齐、垂直等间距对齐。

| 图 8-24 移动命令菜单 | 图 8-25 移动元件 | 图 8-26 对象的坐标精准移动 |

因为对齐的操作和原理图的类似，这里不再进行详细的说明，下面只给读者提供快捷键的说明，具体释义可以参考前文的内容。

Align Left	向左对齐（快捷键"AL"）
Align Right	向右对齐（快捷键"AR"）
Distribute Horizontally	水平等间距（快捷键"AD"）
Align Top	向上对齐（快捷键"AT"）
Align Bottom	向下对齐（快捷键"AB"）
Distribute Vertically	垂直等间距（快捷键"AS"）

图 8-27 对齐功能

8.7　本章小结

　　PCB 布局的好坏直接关系到板子的成败，根据基本原则并掌握快速布局的方法，有利于对整个产品的质量把控。

　　本章讲解了常见 PCB 布局约束原则、PCB 模块化布局、固定元件的放置、原理图与 PCB 的交互设置及布局常用操作。

第 9 章

流程化设计——PCB 布线

在 PCB 设计中，布线是完成产品设计的重要步骤，可以说前面的工作都是为它而做的。在整个 PCB 设计中，布线的设计过程要求最高，技巧最细，工作量也最大。PCB 布线有单面布线、双面布线及多层布线。布线的方式也有两种：自动布线及手工布线。对于一些比较敏感的线、高速的走线，自动布线不能再满足设计要求，一般都需要采用手工来进行布线。

采取高速 PCB 设计人工布线，不是毫无头绪地一条一条地对 PCB 进行布线，也不是常规简单的横竖走线，是基于 EMC、信号完整性、模块化等的布线方式。一般按照如图 9-1 所示的思路进行 PCB 的布线。

图 9-1　PCB 布线基本思路

9.1　类与类的创建

9.1.1　类的简介

Class 就是类，同一属性的网络或元件或层或差分放置在一起构成一个类别，即常说的类。把相同属性的网络放置在一起，就是网络类，如 GND 网络和电源网络放置在一起构成电源网络类。属于 90 欧姆的 USB 差分、HOST、OTG 的差分放置在一起，构成 90 欧姆差分类。把封装名称相同的 0603R 的电阻放置在一起，就构成一组元件类。分类的目的在于可以对相同属性的类进行统一的规则的约束或编辑管理。

按快捷键"DC"或者执行菜单命令"Design-Class"，进入类管理器，如图 9-2 所示，可以看到主要分为如下类别。

（1）Net Classes：网络类。

（2）Component Classes：元件类。

（3）Layer Classes：层类。

（4）Pad Classes：焊盘类。

（5）From To Classes。

（6）Differential Pair Classes：差分类。

（7）Polygon Classes：铜皮类。

（8）xSignal Classes。

图 9-2　类的划分

在 PCB 设计当中，因为网络类和差分类比较常见，下面重点进行介绍。

9.1.2　网络类的创建

网络类就是按照模块总线的要求，把相应的网络汇总到一起，如 DDR 的数据线、TF 卡的数据线等。

（1）执行菜单命令"Design-Class"（快捷键"DC"），进入类管理器，选中"Net Classes"。

（2）在"Net Classes"上单击鼠标右键，可以创建（添加）类、删除类和重命名类，如图 9-3 所示，这里添加一个类，并命名为"PWR"。

图 9-3　添加类与重命名类

（3）单击"PWR"，出现如图 9-4 所示的界面，左边框选的网络是目前没有分类的所有网络，右边是已经分类添加好的网络，在左边框中选中需要添加的网络，然后单击按钮，把左边没有分类的网络添加到右边已经分类好的网络中。

（4）同样只要我们有需要，可以按照上述操作步骤创建想要的网络类。

图 9-4　把左边没有分类的网络添加到右边已经分类好的网络中

9.1.3　差分类的创建

差分一般有 90 欧姆差分和 100 欧姆差分。差分类的创建（添加）和网络类的创建（添加）稍微有点差异，需要在类管理器中添加分类名称，然后在差分对编辑器中进行网络的添加。

（1）按快捷键"DC"，进入类管理器，选中"Differential Pair Classes"。

（2）在"Differential Pair Classes"上单击鼠标右键，添加两个类，分别命名为"90OM"和"100OM"，如图 9-5 所示。

图 9-5　差分类的添加

（3）在右下角执行命令"PCB-PCB"，调出 PCB 对象编辑窗口，选择"Differential Pairs Editor"，进入差分对编辑器，如图 9-6 所示，可以看到这里总共有 3 个差分类。

① All Differential Pairs：这个默认包含了 PCB 上所设置的所有差分线。

② 90OM：刚才在类管理器中添加的差分类。

③ 100OM：刚才在类管理器中添加的差分类。

（4）当需要添加网络到"90OM"差分类里面去时，选中"90OM"类别，单击"Add"按钮，可以手工添加差分网络，如图 9-7 所示，在"Positive Net"栏中添加"+"性网络，在"Negative Net"栏中添加"-"性网络，并可以更改差分对名称，方便识别。

图 9-6　差分对编辑器　　　　　　　　　　　图 9-7　手工添加差分对

当然也可以通过网络匹配来添加，网络匹配添加差分对如图 9-8 所示。在如图 9-8 中左图所示的差分对编辑器中，单击"Create From Nets"按钮，进入如图 9-8 中右图所示的差分匹配添加界面。在匹配栏中填写匹配的前缀，选择好需要添加进入的分类，审核下自动匹配出来的差分对，如果是，就对其进行勾选添加，如果不是，取消勾选即可。选择设置后，单击"Execute"按钮，完成匹配添加。通常使用到的匹配符有"+""–"、"P""N"、"P""M"。

图 9-8　网络匹配添加差分对

9.2　常用 PCB 规则设置

规则设置是 PCB 设计中至关重要的一个环节，可以通过 PCB 规则设置，保证 PCB 符合电气要求和机械加工（精度）要求，为布局、布线提供依据，也为 DRC 提供依据。PCB 编辑期间，Altium Designer 会实时地进行一些规则检查，违规的地方会做标记（亮绿色）。

对于 PCB 设计，Altium Designer 提供详尽的 10 种不同的设计规则，这些设计规则包括电气、元件放置、布线、元件移动和信号完整性等规则。对于常规的电子设计，不需要用到全部的规则，为了使读者能直观地快速上手，这里只对最常用的规则设置进行介绍说明。按照下面的方法设置好这些规则之后，其他规则可以忽略设置。

9.2.1 规则设置界面

执行菜单命令"Design-Rules..."或者按快捷键"DR"，进入规则约束管理器，如图 9-9 所示，左边显示的是设计规则的类型，共分 10 类，右边列出的是设计规则的具体设置。

图 9-9 规则约束管理器

（1）New Rule：创建新的规则。

（2）Delete Rule(s)...：删除选中的规则。

（3）Duplicate Rule：复制一个当前的规则。

（4）Report...：对规则设置进行报告导出。

（5）Rule Wizard...：规则创建向导。

（6）Priorities...：规则的优先级设置。

（7）Create Default Rules：创建默认的规则。

9.2.2 电气规则设置

电气（Electrical）规则设置是设置电路板在布线时必须遵守的规则，包括安全距离、开路、短路方面的设置。这几个参数的设置会影响到所设计 PCB 的生产成本、设计难度及设计的准确性，所以请严谨对待。

1. 安全距离（间距）规则设置

（1）在"Clearance"上单击鼠标右键，从弹出的菜单中选择"New Rule..."选项，新建一个间距规则，如图 9-10 所示。系统将自动以当前设计规则为准，生成名为"Clearance_1"的新设计规则，不过可以对规则进行重命名，如图 9-11 所示。

（2）对网络适配范围进行选择，Altium Designer 提供 5 种范围。

① Different Nets Only：设置规则仅对不同网络起作用。

② Same Nets Only：设置规则仅对相同网络起作用。

③ Any Net：设置规则对所有网络都起作用。

④ Different Differential Pairs：设置规则对不同的差分对起作用。

⑤ Same Differential Pairs：设置规则对相同的差分对起作用。

图 9-10　规则的新建

图 9-11　规则设置界面

（3）在"Constraints"选项区域中的"Minimum Clearance"文本框里输入需要设置的参数值，这个参数值就是需要设置的间距参数。

（4）Ignore Pad to Pad Clearances within a Footprint：对于封装本身的间距不计算到设计的规则当中。这个是为什么呢？因为如图 9-12 所示，我们创建的封装因为 Pitch 间距比较小，焊盘和焊盘之间的间距是 5.905mil，但是我们的设计规则设计到 6mil 的话，按理这个封装是不满足设计规则的，但是因为我们的封装规格就是如此，我们就不想这个封装自身进行报错提示，这个时候可以把这个选项进行勾选，就不会再进行报错提示了。

（5）Altium Designer 17 提供全新的"Simple"和"Advanced"两种对象与对象的间距设置，不再像低版本那样对每一个对象与对象的间距设置规则来进行叠加。

① Simple：这个选项主要是 PCB 设计当中最常用规则之间的对象配对。例如，想设置 Via 和 Via 之间的间距为 5mil，只需要在十字交叉处更改自己想用的数据即可；又如，想设置 Via

和 Track 之间的间距为 6mil，同样在十字交叉处更改自己想用的数据即可，如图 9-13 所示。Simple 规则提供常用的对象规则，Simple 规则对象释义如表 9-1 所示。

图 9-12　忽略元件封装本身的间距报错

图 9-13　Simple 规则设置

表 9-1　Simple 规则对象释义

对　象	释　义	对　象	释　义
Track	走线	SMD Pad	表贴焊盘
TH Pad	通孔焊盘	Via	过孔
Copper	铜皮	Text	文字
Hole	钻孔		

② Advanced：和 Simple 规则基本相同，只是增加了更多的对象选择，如表 9-2 所示。

表 9-2　Advanced 规则对象释义

对　象	释　义	对　象	释　义
Arc	圆弧	Fill	填充
Poly	敷铜	Region	区域

 小助手提示

（1）个人经验理解是 Copper=Polygon+Region+Fill。

（2）板框和电气对象之间的间距怎么设置？它是由 Region to Object 及 Board Outline Clearance 规则设置中最大值决定的。

（3）常用对象推荐间距设置如表 9-3 所示。

表 9-3　常用对象推荐间距设置

	All	Via	Copper	Track
All	5mil	/	/	/
Via	/	5mil	5mil	5mil
Copper	/	5mil	10mil	6mil
Track	/	5mil	6	/

（6）Altium Designer 17 也提供类似低版本那样的、多个间距规则叠加的方法设置，通过选择第一个适配对象和第二个适配对象来筛选规则应用对象和范围。

① Where The First Object Matches：选择规则第一个适配对象。

● ALL：针对所有对象。

● Net：针对单个网络。

● Net Class：针对所设置的网络类。

● Net and Layer：针对网络与层。

● Custom Query：自定义适配项。

② Where The Second Object Matches：选择规则第二个适配对象，与第一个适配对象勾选对象的筛选，即完成规则定义的范围。

下面通过几个例子来说明。

A．过孔与走线的间距规则设置

（a）如图 9-14 所示，在"Where The First Object Matches"栏中，单击"Custom Query"。

图 9-14　自定义选择对象

（b）再单击"Query Builder…"，在弹出的复选框中选择"Object Kind is"。

（c）在弹出的复选框中选择对象"Via"，这个时候可以看到自定义对象出现一个代码"IsVia"。

（d）在"Where The Second Object Matches"栏中，进行同样操作选择规则对象"IsTrack"。

（e）在"Constraints"选项区域中的"Minimum Clearance"文本框里输入需要设置的参数值，如 5mil。

后期如果对规则代码比较熟悉了，可以在"Custom Query"窗口中直接输入相关规则代码，在输入规程中，一般会提示，直接选择即可，如图 9-15 所示。

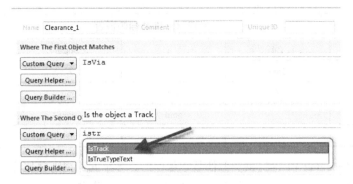

图 9-15　过孔与走线的间距规则设置

B．走线与焊盘的间距规则设置

参考上述方法，可以设置走线与焊盘的间距规则，如图 9-16 所示。

C．铜皮与所有对象的间距规则设置

参考上述方法，可以设置铜皮与所有对象的间距规则，如图 9-17 所示。值得注意的是，对应铜皮前缀不再是"Is"而是"In"，可以自己选择的时候注意代码的变化。

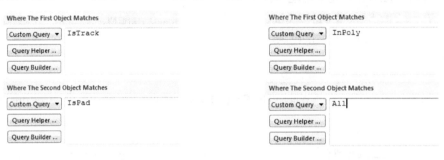

图 9-16　走线与焊盘的间距规则设置　　　　图 9-17　铜皮与所有对象的间距规则设置

规则设置好之后，可以对所创建的规则进行命名，方便对规则的识别读取，如图 9-18 所示。

2．规则的使能及优先级设置

1）规则的使能设置

规则设计好之后，需要对规则进行使能，否则设计的规则不会起作用。具体设计当中很多网友反馈自己明明设计好了规则，但是就是不起作用，一般就是这种问题引起的。如图 9-19 所示，勾选"Enabled"选项以便让设计的规则受到启用。

图 9-18　规则的命名　　　　　　　　图 9-19　规则的使能设置

2）规则的优先级设置

如果利用了规则叠加的方法进行规则设置，因为考虑到有些对象是包含与被包含的关系，需要设置规则的优先级来进行适配对象的区分。比如"All"，这个代码是包含"IsTrack"、"IsVia"等对象的，假如设置了"IsTrack-All"的间距为 6mil，"All-All"的间距为 5mil，这个时候必须把"IsTrack-All"间距规则放在"All-All"的前面，否则系统无法识别。

单击规则设置界面中的"Priorities…"按钮，进入规则的优先级设置窗口，如图 9-20 所示，可以通过"Increase Priority"和"Decrease Priority"按钮来进行优先级的调整。优先的规则，其前面的"Priority"序号必须更小。

图 9-20　规则的优先级设置

3. 短路规则设置

在电路设计中，是不允许出现短路的板卡的，因为短路就意味着有可能所设计的电路板会报废。所以，一般设计当中，不要去勾选"Allow Short Circuit"选项，如图 9-21 所示。

4. 开路规则设置

和短路规则一样，也不允许开路的存在。对于这个开路规则的选项，适配"All"，对所有的选项都不允许开路的存在。勾选"Check for incomplete connections"选项，对连接不完善或者说"接触不良"的线段进行开路检查，如图 9-22 所示。

图 9-21　短路规则设置　　　　　　　　图 9-22　开路规则设置

9.2.3　布线规则设置

布线规则中着重关注的是线宽规则和过孔规则。在进行高速 PCB 设计时一般需要用到阻抗线，对每一层的线宽要求是不一致的，同时考虑到电源特性，对电源走线线宽有特殊线宽的要求。考虑到生产时不要过多的过孔属性类型，因为种类太多，生产的时候得换多种钻头，建议一个 PCB 的设计中不要超过两种；一般也需要对过孔的种类进行设置，以控制板子上的过孔种类，可以把信号孔设置为一类，把电源孔设置为一类。

1. 线宽规则设置

（1）Width（导线宽度）设有 3 个值可供设置，分别为 Max Width（最大线宽）、Preferred Width（优选线宽）、Min Width（最小线宽）。系统对导线宽度的默认值为 10mil，设置的时候建议最大、最小、优选数据设置为一样的。

（2）在"Where The Object Matches"栏中，选择适配对象。如果需要对其阻抗线宽进行设置，那么在如图 9-23 所示的设置界面中，把对应的层、最大线宽、最小线宽、优选线宽进行设置。

图 9-23　线宽规则设置

（3）如果需要对某个网络或者网络类单独设置线宽，则在"Width"规则上单击鼠标右键，新建一个规则，命名为"PWR"，在"Where The Object Matches"栏中，选择适配对象，如选择前文中设置好的"PWR"电源类，对于电源线，一般把最大、最小、优选线宽进行单独设置，让走线在一个范围之内，一般设置最小线宽为 8mil，优选线宽为 15mil，最大线宽为 60mil，如图 9-24 所示。

图 9-24　电源线宽规则的创建

小助手提示

　　为什么最大线宽设置为 60mil？而不是更大呢？

因为在板子设计中会有很多过孔，过孔无法自动避让铜皮，在 PCB 上进行 60mil 以上的走线时，无法做到避让的时候会存在很多 DRC，不方便调整，又因为敷铜有很好的避让效果，所以 60mil 以上的走线选择敷铜来处理就好了。走线和敷铜的对比如图 9-25 所示。这里最大线宽设置为 60mil 就好了。

图 9-25　走线和敷铜的对比

2. 过孔规则设置

过孔规则设置是设置布线中过孔的尺寸，如图 9-26 所示，可以设置的参数有过孔焊盘的直径（Via Diameter）和过孔中的通孔直径（Via Hole Size），也包括最大值（Maximum）、最小值（Minimum）和优选值（Preferred）。设置时须注意过孔直径和通孔直径的差值不宜过小，否则将不宜于制板加工，常规设置为 0.2mm 及以上的孔径大小。

图 9-26　常规过孔规则设置

可以对电源类过孔进行单独设置，也可以针对电源单独设置大一些的过孔，同时注意过孔规则的优先级设置，如图 9-27 所示。

图 9-27　电源类过孔规则设置

9.2.4 阻焊规则设置

阻焊规则设置是设置焊盘到绿油的距离。在电路板制作时，阻焊层要预留一部分空间给焊盘，绿油不至于覆盖到焊盘上去，造成锡膏无法上锡到焊盘，这个延伸量就是防止绿油和焊盘相重叠，如图 9-28 所示，不宜设置过小，也不宜设置过大，一般设置为 2.5mil。

图 9-28　阻焊规则设置

9.2.5 内电层规则设置

1. 负片连接规则设置

内电层规则主要用于多层板设计当中的负片层。

（1）在"Power Plane Connect Style"上单击鼠标右键，创建一个"PlaneConnect"负片连接规则，如图 9-29 所示。

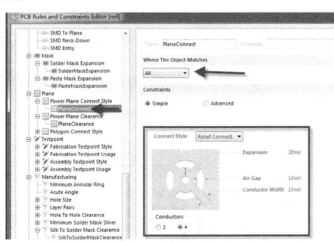

图 9-29　负片连接规则设置

① Where The Object Matches：选择规则适配的应用范围，一般是针对"All"来设计就好了。

② Connect Style：用于设置内电层和孔的连接方式，下拉列表中有 3 个选项可以选择，即 Relief Connect（发散状连接，即花焊盘连接）、Direct Connect（全连接）和 No Connect（不连接），如图 9-30 所示，工程制板中多采用发散状连接方式。

（a）花焊盘连接　　　　　　（b）全连接　　　　　　（c）不连接

图 9-30　不同的连接方式

③ Conductors：用于选择导通的导线的数目，可以有 2 条或者 4 条导线供选择。

④ Conductor Width：用于设置导通的导线宽度。

⑤ Air-Gap：用于设置空隙的间隔宽度。

⑥ Expansion：用于设置从过孔到空隙的间隔之间的距离。

（2）选择"Advanced"选项，可以分别单独设置焊盘连接方式、过孔连接方式，如图 9-31 所示，一般焊盘选择花焊盘连接方式，过孔选择全连接方式。

图 9-31　单独设置焊盘连接方式、过孔连接方式

2. 反焊盘规则设置

反焊盘（Anti-pad）指的是负片中铜皮与焊盘的距离。反焊盘规则设置是设置反焊盘的大小，有效地防止因为间距过小造成生产困难或引起电气不良。反焊盘规则设置如图 9-32 所示，一般对其应用范围选择"All"，反焊盘的大小设置为 9～12mil，

要设置合适大小的反焊盘。反焊盘大小合适如图 9-33（a）所示。反焊盘不宜设置过大，过大会造成平面完整性的破坏，带入信号完整性方面的问题，如图 9-33（b）所示，反焊盘设置过大，对平面进行了割裂，也产生了孤立铜。

3. 正片敷铜连接规则设置

该规则的设置可以类比于负片连接规则设置。正片就是常规的多边形敷铜与焊盘或过孔之间的连接方式，如图 9-34 所示，该规则设置界面中的"Connect Style"、"Conductors"和"Conductor

Width"的设置与负片连接规则设置相同，在此不再赘述。

图 9-32　反焊盘规则设置

（a）反焊盘大小合适　　　　　　　（b）反焊盘设置过大

图 9-33　设置合适大小的反焊盘

图 9-34　正片敷铜连接规则设置

"Advance"设置中，提供 3 种焊盘的连接设置。

（1）Through Hole Pad Connection：通孔焊盘的连接，一般默认设置为花焊盘连接，这样散热均匀，在进行手工焊接的时候不会造成虚焊。

（2）SMD Pad Connection：表贴焊盘的连接，一般默认设置为花焊盘连接，某些电源网络，如果需要增大电流，可以单独对某个网络或者某个元件采用全连接方式连接。

（3）Via Connection：过孔的连接，一般默认设置为全连接。

9.2.6 区域规则设置

区域（Room）规则设置是针对某个区域来设置规则。为了满足设计阻抗和工艺能力的要求，需要对个别区域设置特殊的线宽走线或者间距或者过孔大小等，这个时候可以对这个区域进行特殊规则设置，常用于各类不同 Pitch 间距的 BGA。

（1）在设置规则之前，执行菜单命令"Design-Rooms-Place Rectangular Room"，放置区域。

（2）放置区域的同时按"Tab"键，可以对区域的名称和参数进行设置，如图 9-35 所示，放置一个名称为"RoomBGA"的区域，并选择好放置的层。

图 9-35　区域的设置

（3）执行菜单命令"Design-Rules…"或者按快捷键"DR"，进入规则约束管理器，在"Where The First Object Matches"栏中，单击"Custom Query"，并输入"WithinRoom（'RoomBGA'）"这个代码，适配之前设置的区域，在"Where The Second Object Matches"栏中适配"All"。这里以设置间距 4mil、线宽 4.5mil、过孔 8 / 14mil 为例进行说明。区域间距、线宽、过孔规则设置分别如图 9-36、图 9-37、图 9-38 所示。

图 9-36　区域间距规则设置

图 9-37 区域线宽规则设置

图 9-38 区域过孔规则设置

其他区域规则可以在规则约束管理器中用类似方法设置。

9.2.7 差分规则设置

前文对差分类的添加进行了详细的讲述，在此不再赘述，这里对差分规则设置进行讲述。

1. 向导法

（1）在 PCB 设计交互界面的右下角执行命令"PCB-PCB"，调出 PCB 对象编辑窗口，选择"Differential Pairs Editor"，进入差分对编辑器，如图 9-39 所示。

（2）单击需要创建规则的差分类，如"90OM"。

（3）单击"Rule Wizard"按钮，进入规则向导，如图 9-40 所示，根据向导填写相关设置参数。

图 9-39　差分对编辑器的调用

① Prefix：可以设置差分规则的前缀名，下面会自动根据这个前缀名适配差分规则名称，如图 9-40 所示。

图 9-40　设置差分规则名称

② Group Matched Lengths：误差要求是以组为单位进行设置的，如果对差分阻抗误差要求严格，可以减小其填入的数值，在要求不严格的情况下可以采取默认的 1000mil，如图 9-41 所示。

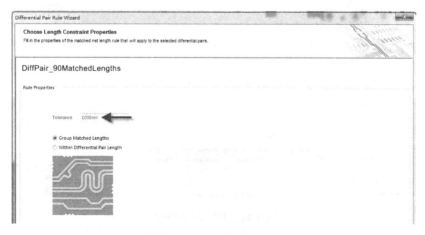

图 9-41　设置差分组误差

③ Rule Properties / Attributes on Layer：根据阻抗要求，不同的层填入线宽和间距值，最大、

最小、优选的线宽值和间距值建议都填写成一样的，不要填写一个范围，不然在设计的时候线宽或者间距会突变，造成阻抗不连续，如图 9-42 所示。

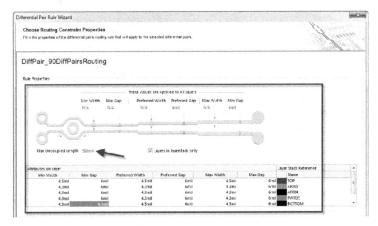

图 9-42　设置阻抗线宽和间距

④ Rule Creation Completed：规则创建完成，会提示创建的数据预览，如图 9-43 所示，方便检查确认。确认相关信息后，单击"Finish"按钮，完成规则的创建。

图 9-43　数据预览

（4）设置完成之后，需要在规则约束管理器中再核查一下差分规则是否已经匹配上，如果没匹配上用手工法再次匹配即可。差分规则的核查如图 9-44 所示。

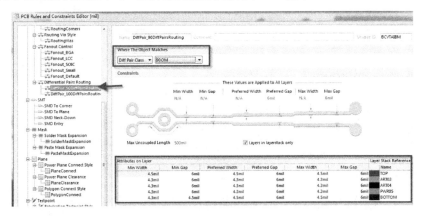

图 9-44　差分规则的核查

2．手工法

（1）执行菜单命令"Design-Rules…"或者按快捷键"DR"，进入规则约束管理器。

（2）在"Differential Pairs Routing"上单击鼠标右键，从弹出的菜单中选择"New Rule…"选项，这里以创建 90 欧姆差分规则为例进行说明。

（3）按照图 9-45 所示填写相关参数。

① Name：填写这个差分规则的名称，如"90OM"。

② Where The Object Matches：选择规则应用范围，选择"Diff Pair Class"，然后选择创建好的"90OM"。

③ Rule Properties / Attributes on Layer：根据阻抗要求填入线宽和间距的数据。

（4）单击"Apply"按钮，差分规则创建完毕。

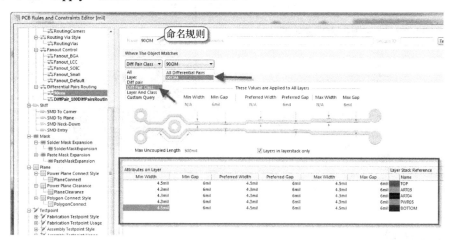

图 9-45　手工法创建差分规则

9.2.8　规则的导入与导出

有时设置的规则可以套用多个板子，或者是设置一个原始规则进行规则复位的，这种时候需要用到规则的导入与导出。

（1）在规则约束管理器中单击鼠标右键，选择"Export Rules…"选项，如图 9-46 所示。

（2）在弹出的窗口中选择需要导出的规则项，按住"Ctrl"键并单击可以多选，也可以全选，如图 9-47 所示。一般进行全选导出，简单方便。

图 9-46　规则的导出

图 9-47　导出规则项的选择

（3）导出之后会生成一个后缀为.RUL 的文件，这个文件就是规则文件，对其进行保存。

（4）在另外一个 PCB 上，按快捷键"DR"，进入规则约束管理器，在任意规则上单击鼠标右键，选择"Import Rules..."选项，如图 9-48 所示。

（5）在弹出的窗口中选择需要导入的规则项，如图 9-49 所示。一般也是全选。

（6）选择之前保存的后缀为.RUL 的文件，规则导入成功。

图 9-48　规则的导入

图 9-49　导入规则项的选择

9.3　阻抗计算

我们在线宽规则设置中提到过阻抗线的概念，那么什么是阻抗线呢？我们如何知道设计当中的信号走线线宽与间距呢？这个涉及阻抗计算。

9.3.1　阻抗计算的必要性

当电压、电流在传输线中传播时，特性阻抗不一致会造成所谓的信号反射现象等。在信号完整性领域里，反射、串扰、电源平面切割等问题都可以归为阻抗不连续问题，因此匹配的重要性在此展现出来。

9.3.2　常见的阻抗模型

一般利用 Polar SI9000 阻抗计算工具进行阻抗计算。在计算之前需要认识常见的阻抗模型。常见的阻抗模型有特性阻抗模型、差分阻抗模型、共面性阻抗模型。如图 9-50 所示，阻抗模型又细分为如下几类。

（1）外层特性阻抗模型。

（2）内层特性阻抗模型。

（3）外层差分阻抗模型。

（4）内层差分阻抗模型。

（5）共面性阻抗模型。

①　外层共面特性阻抗模型。

②　内层共面特性阻抗模型。

③ 外层共面差分阻抗模型。

④ 内层共面差分阻抗.模型。

图 9-50　常见的阻抗模型

9.3.3　阻抗计算详解

1. 阻抗计算的必要条件

阻抗计算的必要条件有板厚、层数（信号层数、电源层数）、板材、表面工艺、阻抗值、阻抗公差、铜厚。

2．影响阻抗的因素

影响阻抗的因素有介质厚度、介电常数、铜厚、线宽、线距、阻焊厚度，如图 9-51 所示。

图 9-51　影响阻抗的因素

在图 9-51 中，H1 为介质的厚度（PP 片或者板材，不包括铜厚）；Er1 为 PP 片或者板材的介电常数，多种 PP 片或者板材压合一起时取平均值；W1 为阻抗线下线宽；W2 为阻抗线上线宽；T1 为成品铜厚；CEr 为绿油的介电常数（3.3）；C1 为基材的绿油厚度（一般按照 0.8mil）；C2 为铜皮或者走线上的绿油厚度（一般按照 0.5mil）。

 小 助 手 提 示

一般来说，上、下线宽存在如表 9-4 所示的关系。

表 9-4　上、下线宽关系表

基　铜　厚	上线宽（mil）	下线宽（mil）	线距（mil）
内层 18μm	W0−0.1	W0	S0
内层 35μm	W0−0.4	W0	S0
内层 70μm	W0−1.2	W0	S0
负片 42μm	W0−0.4	W0+0.4	S0−0.4
负片 48μm	W0−0.5	W0+0.5	S0−0.5
负片 65μm	W0−0.8	W0+0.8	S0−0.8
外层 12μm	W0−0.6	W0+0.6	S0−0.6
外层 18μm	W0−0.6	W0+0.7	S0−0.7
外层 35μm	W0−0.9	W0+0.9	S0−0.9
外层 12μm（全板镀金工艺）	W0−1.2	W0	S0
外层 18μm（全板镀金工艺）	W0−1.2	W0	S0
外层 35μm（全板镀金工艺）	W0−2.0	W0	S0

注：其中 W0 为设计线宽，S0 为设计线距。

3．阻抗计算方法

下面通过一个实例来演示阻抗计算的方法及步骤。

普通的 FR-4 板材一般有生益、建滔、联茂等板材供应商。生益 FR-4 及同等材料芯板可以根据板厚来划分。表 9-5 列出了常见生益 FR-4 芯板厚度参数及介电常数。

表 9-5　常见生益 FR-4 芯板厚度参数及介电常数

类　别		0.051	0.075	0.102	0.11	0.13	0.15	0.18	0.21	0.25	0.36	0.51	0.71	≥0.8
	芯板(mm)	0.051	0.075	0.102	0.11	0.13	0.15	0.18	0.21	0.25	0.36	0.51	0.71	≥0.8
	芯板(mil)	2	3.0	4	4.33	5.1	5.9	7.0	8.27	10	14.5	20	28	≥31.5
Tg≤170	介电常数	3.6	3.65	3.95	无	3.95	3.65	4.2	3.95	3.95	4.2	4.1	4.2	4.2
IT180A S1000-2	介电常数	3.9	3.95	4.25	4	4.25	3.95	4.5	4.25	4.25	4.5	4.4	4.5	4.5

半固化片（即 PP 片）一般包括 106、1080、2116、7628 等。表 9-6 列出了常见 PP 片厚度参数及介电常数。

表 9-6　常见 PP 片厚度参数及介电常数

类　别	半固化片类型	106	1080	3313	2116	7628
Tg≤170	理论厚度（mm）	0.0513	0.0773	0.1034	0.1185	0.1951
	介电常数	3.6	3.65	3.85	3.95	4.2
IT180A S1000-2B	理论厚度（mm）	0.0511	0.07727	0.0987	0.1174	0.1933
	介电常数	3.9	3.95	4.15	4.25	4.5

对于 Rogers 板材，Rogers4350 0.1mm 板材介电常数为 3.36，其他 Rogers4350 板材介电常数为 3.48；Rogers4003 板材介电常数为 3.38；Rogers4403 半固化片介电常数为 3.17。

我们知道，每个多层板都是由芯板和半固化片通过压合而成的。当计算叠层结构时，通常需要把芯板和 PP 片叠在一起，组成板子的厚度。例如，一块芯板和两张 PP 片叠加"芯板+106+2116"，那么它的理论厚度就是 0.25mm+0.0513mm+0.1185mm=0.4198mm。但需注意以下几点。

（1）一般不允许 4 张或 4 张以上 PP 片叠放在一起，因为压合时容易产生滑板现象。

（2）7628 的 PP 片一般不允许放在外层，因为 7628 表面比较粗糙，会影响板子的外观。

（3）另外，3 张 1080 也不允许放在外层，因为压合时也容易产生滑板现象。

（4）芯板一般选择大于 0.11mm 的，六层的一般两块芯板，8 层的一般 3 块芯板。

由于铜厚的原因，理论厚度和实测厚度有一定的差额，具体可以参考图 9-52。

图 9-52　理论厚度与实测厚度

从图 9-52 中可以看出，理论厚度和实测厚度存在铜厚的差额，可以总结出如下公式。

实测厚度=理论厚度−铜厚 $1(1-X_1)$−铜厚 $2(1-X_2)$

式中，X_1、X_2 表示残铜率，表层取 1，光板取 0。电源地平面残铜率一般取值为 70%，信号层残铜率一般取值为 23%。

9.3.4　阻抗计算实例

　　（1）叠层要求：板厚为1.2mm，板材为FR-4，层数为6层，内层铜厚为1OZ，表层铜厚为0.5OZ。

　　（2）根据芯板和PP片常见厚度参数组合，并根据叠层厚度要求，可以堆叠出如图9-53所示的叠层结构。

Finished Thickness(mm):1.2±0.12				
AccountThickness(mm):1.15				
LAYER STACKING				
TOP			0.5OZ +Plating	positive
	PP(3313)	3.65		
GND02			1OZ	negative
	Core	5.10		
ART03			1OZ	positive
	PP(7628*3)	20.92		
ART04			1OZ	positive
	Core	5.10		
PWR05			1OZ	negative
	PP(3313)	3.65		
BOTTOM			0.5OZ +Plating	positive

图 9-53　6 层叠层结构图

　　图 9-53 中标出的 PP 片厚度为实际厚度，计算公式如下。

　　PP（3313）[实测值]=0.1034mm[理论值]-0.035 / 2mm×（1-1）[表层铜厚为 0.5OZ，残铜率取 1]-0.035mm×（1-0.7）[内层铜厚为 1OZ，残铜率取 70%]=0.0929mm=3.65mil

　　PP（7628×3）[实测值]=0.1951mm×3[理论值]-0.035mm×（1-0.23）[内层铜厚为 1OZ，相邻信号层残铜率取 0.23%]-0.035mm×（1-0.23）[内层铜厚为 1OZ，相邻信号层残铜率取 0.23%]=0.5314mm=20.92mil

　　板子总厚度=0.5OZ+3.65mm+1OZ+5.1mm+1OZ+20.92mm+1OZ+5.1mm+1OZ+3.65mm+0.5OZ=1.15mm

　　（3）打开 Polar SI9000 软件，选择需要计算阻抗的阻抗模型，计算表层 50 欧姆单线阻抗线宽。如图 9-54 所示，根据压合叠层数据，填入相关已知参数，计算得出走线线宽 W0=6.8mil。这个是计算出比较粗的走线，有时候会基于走线难度准许阻抗存在一定的误差，所以可以根据计算得出的走线线宽来稍微调整。例如，调整计算参数走线线宽 5.5mil 时，计算阻抗 Zo=54.82，如图 9-55 所示。

Coated Microstrip 1B				Tolerance	Minimum	Maximum	
Substrate 1 Height	H1	3.6500	+/-	0.0000	3.6500	3.6500	Calculate
Substrate 1 Dielectric	Er1	3.8500	+/-	0.0000	3.8500	3.8500	Calculate
Lower Trace Width	W1	6.8221	+/-	0.0000	6.8221	6.8221	
Upper Trace Width	W2	5.8221	+/-	0.0000	5.8221	5.8221	Calculate
Trace Thickness	T1	0.6900	+/-	0.0000	0.6900	0.6900	Calculate
Coating Above Substrate	C1	0.8000	+/-	0.0000	0.8000	0.8000	Calculate
Coating Above Trace	C2	0.5000	+/-	0.0000	0.5000	0.5000	Calculate
Coating Dielectric	CEr	3.3000	+/-	0.0000	3.3000	3.3000	Calculate
Impedance	Zo	50.00			0.00	0.00	Calculate

图 9-54　根据阻抗计算线宽

图 9-55　根据线宽微调阻抗值

（4）需计算内层（以第 3 层为例）90 欧姆差分阻抗走线线宽与间距，如图 9-56 所示，选择内层差分阻抗模型，根据压合叠层数据，填入已知参数，然后可以通过阻抗要求，调整线宽和间距，分别计算，考虑到板卡设计难度可以微调阻抗在准许范围之内即可。

图 9-56　90 欧姆差分阻抗计算结果

（5）最终计算结果如表 9-7 所示。

表 9-7　阻抗计算结果

Single Trace Impedance Control				
Layer	With（mil）	Impedance（Ohm）	Precision	Refer Layer
L1 / L6	5.5	50	+ / -10%	L2 / L5
L3 / L4	6.5	50	+ / -10%	L2 / L5
Differential Trace Impedance Control				
Layer	With（mil）	Impedance（Ohm）	Precision	Refer Layer
L1 / L6	4.5 / 5.0	100	+ / -10%	L2 / L5
L3 / L4	4.5 / 8.0	100	+ / -10%	L2 / L5
L1 / L6	8.0 / 8.0	90	+ / -10%	L2 / L5
L3 / L4	5.5 / 8.5	90	+ / -10%	L2 / L5

9.4 PCB 扇孔

在 PCB 设计中，过孔的扇出很重要，扇孔的方式会影响到信号完整性、平面完整性、布线的难度，以至于影响到生产的成本。

从扇孔的直观目的来讲，主要是两个。

（1）缩短回流路径，比如 GND 孔，就近扇孔可以达到缩短路径的目的。

（2）打孔占位，预先打孔是为了防止不打孔后面走线很密集的时候无法打孔下去，绕很远连一条线，这样就形成很长的回流路径了。这种情况进行高速 PCB 设计及多层 PCB 设计的时候经常遇到。预先打孔后面删除很方便，反之等走线完了再想去加一个过孔，很难，这时候通常的想法就是随便找条线连上便是，不能考虑到信号完整性，不太符合规范做法。

9.4.1 扇孔推荐及缺陷做法

从图 9-57 中可以看出，推荐做法可以在内层两孔之间过线，参考平面也不会被割裂，反之不推荐做法增加了走线难度，也把参考平面割裂，破坏平面完整性。

图 9-57 常规 CHIP 元件扇出方式对比

同样，这样的元件扇孔方式也适用于打孔换层的情景，如图 9-58 所示。

图 9-58 打孔换层的情景

9.4.2 BGA 扇孔

对于 BGA 扇孔，同样过孔不宜打孔在焊盘上，推荐打孔在两个焊盘的中间位置。很多工程师为了出线方便，随意挪动 BGA 里面过孔的位置，甚至打在焊盘上面，如图 9-59 所示，从而造成 BGA 区域过孔不规则，易造成后期焊接虚焊的问题，同时可能破坏平面完整性。

图 9-59　BGA 盘中孔示例

对于 BGA 扇孔，Altium Designer 提供快捷的自动扇出功能。

（1）对 BGA 扇出之前，根据 BGA 的 Pitch 间距（BGA 两个焊盘中心间距）和 9.2 节内容对整体的间距规则、网络线宽规则及过孔规则进行设置。

（2）在布线规则中找到"Fanout Control"，对其进行如图 9-60 所示的设置。

图 9-60　扇出控制规则设置

（3）执行菜单命令"Route-Fanout-Component"，如图 9-61 所示，会弹出一个扇出选项对话框，如图 9-62 所示，选择好需要配置的选项，对每一个选项释义如下。

图 9-61　扇出命令

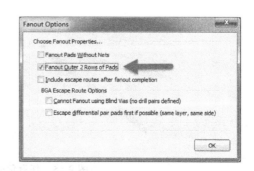

图 9-62　扇出选项对话框

① Fanout Pads Without Nets：没有网络的焊盘也进行扇出。

② Fanout Outer 2 Rows of Pads：前两排的焊盘也进行扇出。

③ Include escape routes after fanout completion：扇出后进行引线。

④ Cannot Fanout using Blind Vias（no drill pairs defined）：无埋、盲孔扇出。

⑤ Escape differential pair pads first if possible（same layer，same side）：在同层同边对差分对进行扇出。

（4）设置完成之后，即激活扇出命令，单击需要进行扇出的 BGA 元件，软件会自动完成扇出，效果图如图 9-63 所示。

 小助手提示

在扇出之前一定先设置好阻抗线宽、电源线宽、整体间距、过孔或区域等规则，不然因为规则的限制，扇出不完全，如图 9-64 所示。

图 9-63　扇出完全效果图

图 9-64　扇出不完全效果图

9.4.3　扇孔的拉线

扇孔不仅仅打孔，扇孔也会进行短线的拉线处理，所以有必要对扇孔的拉线的一些要求进行说明。

（1）为满足国内制板厂的生产工艺能力要求，常规扇孔拉线线宽大于或等于 4mil（0.1016mm）（特殊情况可用 3.5mil，即 0.0889mm）；小于这个值会极大挑战工厂的生产能力，报废率提高。

（2）不能出现任意角度走线，任意角度走线会挑战工厂的生产能力，很多在蚀刻铜线时出现问题，推荐 45°或 135°走线，如图 9-65 所示。

图 9-65　任意角度走线和 135°走线

（3）如图 9-66 所示，同一网络不宜出现直角或锐角走线。直角或锐角走线一般是 PCB 布线中要求尽量避免的情况，这也几乎成为衡量布线好坏的标准之一。直角走线会使传输线的线宽发生变化，造成阻抗不连续，造成信号的反射，尖端产生 EMI 影响线路。

图 9-66　不宜出现直角或锐角走线

（4）设计的焊盘的形状一般都是规则的，如 BGA 的焊盘是圆形的，QFP 的焊盘是长圆形的，CHIP 元件的焊盘是矩形的等。但实际做出的 PCB，焊盘却不规则，可以说是奇形怪状。以 0402R 电阻封装的焊盘为例，如图 9-67 所示，由于生产时存在工艺偏差，设计的规则焊盘出线之后，实际的焊盘是在原矩形焊盘的基础上加一个小矩形焊盘组成的，不规则，出现了异形焊盘。

图 9-67　设计的焊盘和出线之后实际的焊盘

如果在 0402R 电阻封装的两个焊盘对角分别走线，加上 PCB 生产精度造成的阻焊偏差（阻焊窗单边比焊盘大 0.1mm），会形成如图 9-68 中左图所示的焊盘。在这样的情况下，电阻焊接时由于焊锡表面张力的作用，会出现如图 9-68 中右图所示的不良旋转。

图 9-68　不良出线造成元件容易旋转

（5）采用合理的布线方式，焊盘连线采用关于长轴对称的扇出方式，可以比较有效地减小 CHIP 元件贴装后的不良旋转；如果焊盘扇出的线也关于短轴对称，那么还可以减小 CHIP 元件贴装后的漂移，如图 9-69 所示。

图 9-69　元件的出线

（6）相邻焊盘是同网络的，不能直接连接，需要先连接外焊盘之后再进行连接，如图 9-70 所示，直连容易在手工焊接的时候造成连焊。

图 9-70　相邻同网络焊盘的连接方式

（7）连接器管脚拉线需要从焊盘中心拉出再往外走，不可出现其他的角度，避免在连接器拔插的时候把线撕裂，如图 9-71 所示。

图 9-71　连接器的出线

9.5　布线常用操作

9.5.1　鼠线的打开与关闭

鼠线又叫飞线，指两点间表示连接关系的线。鼠线有利于理清信号的流向，有逻辑地进行布线操作。在进行 PCB 布线时，可以选择性地对某类网络或某个网络的鼠线进行打开与关闭。

1. 菜单开关法

（1）在 PCB 设计交互界面的右下角执行命令"PCB-PCB"，调出 PCB 对象编辑窗口，选择"Nets"，进入"Nets"编辑窗口，如图 9-72 所示。

（2）在显示的网络类中，选择"All Nets"，在下面网络显示框中，选中单独的某个网络或多个网络。

（3）在选中的网络上单击鼠标右键，选择执行"Connections-Show"命令可以打开鼠线，选择执行"Connections-Hide"命令可以对其鼠线关闭。

（4）如果想对某个网络类的网络鼠线单独打开或者关闭，可以如图 9-73 所示在选中的网络类上单击鼠标右键，进行操作。

图 9-72　对鼠线的开关

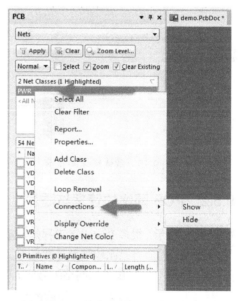

图 9-73　对某个网络类的网络鼠线开关

2. 快捷开关法

在 PCB 设计交互界面中，按快捷键"N"，出现如图 9-74 所示的选择命令窗口。

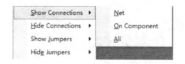

图 9-74　快捷鼠线开关

（1）Show Connections：打开鼠线。

（2）Hide Connections：关闭鼠线。

● Net：针对单个网络鼠线进行打开或者关闭操作，命令激活之后，再在 PCB 中单击选择网络即可。

● On Component：针对元件网络鼠线进行打开或者关闭操作，命令激活之后，单击相对应的元件，和这个元件相关联的所有网络都会进行鼠线的打开或者关闭。

● **All**：针对整个 PCB 的鼠线进行打开或者关闭操作。

9.5.2　PCB 网络的管理与添加

如图 9-77 所示，很多 Protel 老工程师一般习惯直接绘制无网络的导线条进行 PCB 设计，往往是只有设计工程师自己比较清楚连接关系，而会给后期维护的工程师造成相当大的困扰。那么，如何给无网络的 PCB 添加网络编号呢？

图 9-77　无网络走线

1. 单个网络的添加

（1）执行菜单命令"Design-Netlist-Edit Nets..."，进入网络编辑管理器，如图 9-78 所示。

① **Edit**：对已存在的网络进行网络名称的编辑。

② Add：添加一个新的网络。

③ Delete：删除已经存在的某个网络。

图 9-78　进入网络编辑管理器

（2）单击"Add"按钮，可以添加一个新的网络，对新的网络名称进行定义，单击"OK"按钮，可完成一个单独的网络添加，如图 9-79 所示。

图 9-79　单个网络的添加

 小 助 手 提 示

在添加网络名称时，电源和 GND 尽量不用流水号来添加，为了方便识别，直接添加"VCC"、"VDD"、"GND"等标识。

2. 批量自动生成网络

由于第一种方法添加网络只能一个一个地添加，速度相对较慢，这里介绍第二种方法，可以批量自动生成网络，前提是需要对 PCB 进行强制连接，即已经设计好了板子，但是没有网络显示。

（1）执行菜单命令"Design-Netlist-Configure Physical Nets..."，进入网络配置界面，如图 9-80所示。

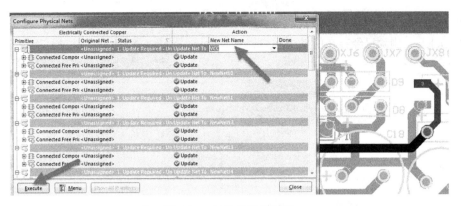

图 9-80　网络的批量更新

（2）在"New Net Name"栏中，可以单击更改某个网络的名称，如"VCC"等。这个界面类似于网络的几种管理器，如果不想更新，系统会自动生成一个流水号网络。

（3）更新网络完成之后，可以单击"Execute"按钮，系统提示 N 个网络进行了更新，单击"Continue"按钮继续进行更新即可。

9.5.3　网络及网络类的颜色管理

为了方便识别信号走线，常常对网络类或者某单个网络进行颜色设置，这样可以很方便地理清信号流向和识别网络。按照如下步骤操作。

（1）在 PCB 设计交互界面的右下角执行命令"PCB-PCB-Nets"，进入"Nets"编辑窗口，如图 9-81 中左图所示。

（2）单击选择"All Nets"，在下面网络显示框中，选中需要设置颜色的网络，如"VIN12V"，单击鼠标右键，选择"Change Net Color"命令，在弹出的颜色选择框中选择自己喜欢的颜色进行设置即可，如图 9-81 所示。

图 9-81　网络颜色的设置

（3）如果想快速地设置某一个类的网络颜色，可以直接在"Nets"编辑窗口中，选中已经

设置好的网络类，然后单击鼠标右键，选择"Change Net Color"命令，对其颜色进行变更，如图 9-82 所示。

（4）颜色设置好之后，注意再次单击鼠标右键，执行命令"Display Override-Selected On"，对设置的颜色进行使能，否则设置了也不会进行显示，如图 9-83 所示。

图 9-82　设置网络类的颜色　　　　　　　图 9-83　网络颜色的使能

在 PCB 设计时，Altium Designer 设置了一个总体颜色显示的开关，就是键盘上的功能键"F5"，如果按照上述步骤设置后没有颜色显示，可以按"F5"键，进行开关切换。

9.5.4　层的管理

1. 层的打开与关闭

在做多层板的时候，经常需要单独用到某层或者多层的情况，这种情况就要用到层的打开与关闭功能。

按快捷键"L"，可以对单层或者多层进行打开与关闭操作，使能即打开，不使能即关闭，如图 9-84 所示。

图 9-84　层的打开与关闭

2. 层的颜色设置

为了设计时方便识别层属性，可以对不同层的线路默认颜色进行设置。还是按快捷键"L"，进入层与颜色管理器，层的颜色设置如图 9-85 所示，在颜色栏双击，可以进行颜色变更设定。

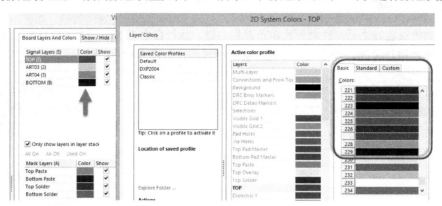

图 9-85　层的颜色设置

9.5.5　元素的显示与隐藏

在设计的时候，为了很好地识别和引用，有时候会执行关闭走线、显示过孔或隐藏铜皮等操作，从而可以更好地对其中单独一个元素进行分析处理。

按快捷键"Ctrl+D"，进入"Show / Hide"设置界面，如图 9-86 所示，可以对列出来的各类元素进行单独的显示或者隐藏操作。

（1）Final：显示。

（2）Draft：半透明显示，一般在等长的时候用得比较多。

（3）Hidden：隐藏。

界面下方的"All Final"、"All Draft"、"All Hidden"，可以对所有元素进行整体操作。

图 9-86　元素的显示与隐藏

9.5.6　特殊粘贴法的使用

怎么同等间距复制很多过孔？怎么带网络复制走线？怎么把元件带位号、带网络从当前 PCB 中调用到另外的 PCB 中？PCB 设计当中经常会遇到这些问题，可以使用特殊粘贴法来实现。

（1）选中需要复制的元素（过孔、走线或元件），按照正常方式按快捷键"Ctrl+C"，进行复制。

（2）执行菜单命令"Edit-Paste Special"，进入特殊粘贴设置窗口，如图 9-87 所示。

① Paste on current layer：对复制好的元素粘贴到当前层。

② Keep net name：带网络粘贴。

③ Duplicate designator：带元件位号粘贴（针对元件复制）。

④ Add to component class：把元件添加到元件类中（针对元件复制）。

图 9-87　特殊粘贴设置窗口

（3）设置好之后，单击"Paste"按钮，可以直接粘贴。

（4）接着第（2）步，单击"Paste Array..."按钮，可以进行阵列粘贴设置，根据需要可选线性或者圆形粘贴方式，分别如图 9-88 和图 9-89 所示。

图 9-88　线性粘贴过孔

图 9-89　圆形粘贴

9.5.7　多条走线

为了达到快速走线的目的，有时可以采取总线走线的方法，即多条走线，如图 9-90 所示。在进行多条走线操作时，需要选中所需走线。

（1）多条走线直拉（不可更改走线属性）：执行菜单命令"Tools-Legacy Tools-Multiple Traces"（快捷键"TTM"），单击选中走线的顶端，移动鼠标，可以直接进行拉线。

图 9-90　多条走线

（2）设置多条走线：执行菜单命令"Route-Interactive Multi-Routing"（快捷键"UM"）或者图标命令 ，单击选中多条走线的顶点，移动鼠标进行拉线，在走线状态下按"Tab"键，可以进行多条走线间距及属性设置，如图 9-91 所示。

图 9-91　多条走线间距及属性设置

9.5.8　泪滴的作用与添加

1．泪滴的作用

（1）避免电路板受到巨大外力冲撞时导线与焊盘或者导线与导孔的接触点断开，也可使电路板显得更加美观。

（2）焊接上，可以保护焊盘，避免多次焊接时焊盘脱落；生产时，可以避免蚀刻不均、过孔偏位出现的裂缝等。

（3）信号传输时平滑阻抗，减少阻抗的急剧跳变；避免高频信号传输时由于线宽突然变小而造成反射，可使走线与元件焊盘之间的连接趋于平稳过渡化。

2．泪滴的添加

执行菜单命令"Tools-Teardrops"（快捷键"TE"），进入如图 9-92 所示的泪滴属性设置对话框。

（1）Working Mode-Add：选择执行添加泪滴命令。

（2）Objects：选择匹配对象，一般选择"All"，在图 9-92 中该选项右边，会适配相应的对象，包括"Via / TH Pad"（过孔 / 通孔焊盘）、"SMD Pad"（贴片焊盘）、"Tracks"（导线）及"T-Junction"（T 形节点）。

（3）Teardrop style-Curved：泪滴形状选择弯曲的补充形状。

（4）Force teardrops：对于添加泪滴的操作采取强制执行方式，即使存在 DRC 报错，一般来说为了保证泪滴的添加完整，对此项进行勾选，后期 DRC 再修正即可。

（5）Adjust teardrop size：当空间不足以添加泪滴时，变更泪滴的大小，可以更加智能地完成泪滴的添加动作。

泪滴添加效果示意如图 9-93 所示。

图 9-92　泪滴属性设置　　　　　　　　　图 9-93　泪滴添加效果示意

9.6　PCB 敷铜

所谓敷铜，就是将 PCB 上闲置的空间作为基准面，然后用固体铜填充，这些铜区又称为灌铜。敷铜的意义如下。

（1）增加载流面积，提高载流能力。

（2）减小地线阻抗，提高抗干扰能力。

（3）降低压降，提高电源效率。

（4）与地线相连，减小环路面积。

（5）多层板对称敷铜可以起到平衡作用。

在 PCB 设计中，敷铜应用很广泛。在 Altium Designer 中，敷铜的操作、敷铜设置、敷铜的编辑修正等很值得我们分析研究。

9.6.1　局部敷铜

对于 PCB 设计中的一些电源模块，因为考虑到电流的大小载流，需要加宽载流路径，走线的话，因为路径上含有过孔或者其他阻碍物，不会自动避让，不方便进行 DRC 处理，这个时候可以用到局部敷铜。

（1）执行菜单命令"Place-Polygon Pour"，进入敷铜设置窗口，为了更有效率地进行敷铜，按照图 9-94 所示进行推荐设置。

① Hatched（Tracks / Arcs）：动态敷铜方式，敷铜由线宽和间距组合而成，敷铜会相对圆滑，符合高速设计要求，图 9-95 所示为 Solid 敷铜和 Hatched 敷铜的对比。

② Track Width：敷铜线宽。Grid Size：敷铜线宽之间的间距。如果需要实心敷铜，那么线宽值比网格值大就好，推荐线宽值 5mil，网格值 4mil，这个值不宜设置过大或者过小。

图 9-94　敷铜推荐设置

图 9-95　Solid 敷铜和 Hatched 敷铜的对比

- 设置过大，一些较小 Pitch 间距的 BGA 没办法敷铜进去，造成铜皮的断裂，影响平面完整性。
- 设置过小，敷铜更容易进入一些电阻、电容的缝隙中，造成狭长铜皮的出现，增加生产上的难度或者产生串扰。

③ Net Options：选择"Pour Over All Same Net Objects"选项，对于相同的网络都需要采取敷铜，不然会出现相同网络的走线和铜皮无法连接的现象，如图 9-96 所示。

④ Remove Dead Copper：移除死铜，勾选此选项可以对敷铜产生的孤立铜皮进行清除，如图 9-97 所示。

图 9-96　相同网络敷铜设置对比

图 9-97　移除死铜

（2）完成第（1）步的敷铜设置之后，即可激活放置敷铜的命令，在 PCB 上，根据实际需要绘制一个闭合的铜皮区域，完成局部敷铜的放置。

9.6.2　异形敷铜的创建

很多情况下，有一个圆形的板子或者非规则形状的板子，需要创建一个和板子形状一模一样的敷铜，该怎么处理呢？下面来说明下异形敷铜的创建。

（1）选中封闭的异形板框或者区域，例如，选中一个圆形的闭合环。

（2）执行菜单命令"Tools-Convert-Create Polygon from Selected Primitives"，如图 9-98 所示，即可创建一个圆形的敷铜。

（3）双击敷铜，可更改敷铜的敷铜模式、网络及层属性。

（4）采取同样的方式也可以创建其他异形的敷铜，如图 9-99 所示。

图 9-98　异形敷铜的创建命令　　　　　　　　图 9-99　异形敷铜的创建

9.6.3　全局敷铜

全局敷铜一般在整板敷铜好之后进行，可以系统地对整个板子的敷铜进行优先级设置、重新敷铜等操作。执行菜单命令"Tools-Polygon Pours-Polygon Manager"，进入敷铜管理器，如图 9-100 所示。敷铜管理器主要分为 4 个区。

图 9-100　敷铜管理器

（1）View / Edit：可以对敷铜所在层和网络进行更改。

（2）敷铜管理操作命令栏：可以对敷铜的动作进行管理。

（3）Pour Order：可以进行敷铜优先级设置。

（4）敷铜预览区：可以大概看到敷铜之后或者选择的敷铜。

9.6.4 Cutout 的放置

有时在敷铜之后还需要去删除一些碎铜或尖岬铜皮，Cutout 的功能就是禁止铜敷进放置 Cutout 区域，只针对敷铜有效，不作为独立的铜存在，放置完成后不用删除。

（1）执行菜单命令"Place-Polygon Pour Cutout"，激活放置命令，然后和绘制铜皮一样进行放置操作，如图 9-101 所示，一般放置尖岬铜皮上重新灌铜一下，尖尖的敷铜就被删除了。

（2）双击 Cutout，可以对其属性进行设置，如图 9-102 所示，箭头所指示处的"Layer"可以选择 Cutout 的应用范围，这里根据实际情况可以选择所放置的当前层，或者选择"Multi-Layer"可以适用所有层，即对所有层的敷铜都禁止。

图 9-101　Cutout 的放置　　　　　　　　　　图 9-102　Cutout 属性设置

9.6.5 修整敷铜

敷铜不可能一步到位，在实际应用中，敷铜完成之后，需要对所敷的形状等进行一些调整，如敷铜宽度的调整、钝角的修整等。

（1）敷铜的直接编辑：单击选中需要编辑的敷铜，选中之后，即可看到此块敷铜的四周有一些白色"小点"，如图 9-103 所示，将鼠标指针放在白色"小点"上拖动，可以对此块敷铜的形状及大小进行调整，调整完成之后，记得对此块敷铜进行敷铜刷新（在敷铜上单击鼠标右键，选择执行命令"Polygon Actions-Repour Selected"）。

（2）敷铜的分离操作（即钝角的修整）：执行菜单命令"Place-Slice Polygon Pour"（快捷键"PY"），激活分离命令，在敷铜的直角处横跨绘制一条分割线，绘制之后，敷铜会分离成两块铜皮，删掉尖角那一块，即可以完成当前敷铜钝角的修整，如图 9-104 所示。

图 9-103 敷铜的形状及大小调整

图 9-104 敷铜钝角的修整

9.7 蛇形走线

9.7.1 单端蛇形线

在 PCB 设计中，蛇形等长走线主要是针对一些高速的并行总线来讲的。由于这类并行总线往往有多条数据信号基于同一个时钟采样，每个时钟周期可能要采样两次（DDR SDRAM）甚至 4 次，而随着芯片运行频率的提高，信号传输延迟对时序影响比重越来越大，为了保证在数据采样点（时钟的上升沿或者下降沿）能正确采集所有信号的值，就必须对信号传输延迟进行控制。等长走线的目的就是为了尽可能地减少所有相关信号在 PCB 上传输延迟的差异，保证时序的匹配。

（1）在 Altium Designer 中，等长绕线之前建议完成 PCB 的连通性，并且建立好相对应的总线网络类，因为等长是在既有的走线上进行绕线的，不是一开始就走成蛇形线，等长的时候也是基于一个总线里面以最长的那条线为目标线进行长度的等长。

（2）执行菜单命令"Route-Interactive Length Tuning"（快捷键"UR"），激活等长命令，单击需要等长的走线，并按"Tab"键调出等长参数设置窗口，如图 9-105 所示。

① Target Length：提供 3 种目标线长设置。

● Manual：手工直接设置等长目标长度。

● From Net：依据创建的网络类选择目标长度。

● From Rules：依据规则来设置目标长度，可以设置具体网络的最长和最短长度。

② Pattern：提供 3 种可选等长模式。

● Mitered with Lines：斜线条。

● Mitered with Arcs：斜弧。

● Rounded：半圆。

图 9-105　单端蛇形线参数设置

斜线条、斜弧与半圆等长模式如图 9-106 所示，一般采用第一种"斜线条"模式，如果传输线速率很高，通常采用第二种"斜弧"模式。

图 9-106　斜线条、斜弧与半圆等长模式

③ Gap：蛇形圆弧两条线之间的间距，一般需要满足 3W 规则（3 倍线宽间距）。

④ Max Amplitude：描述的是蛇形等长线最大的幅度。

图 9-107　蛇形线及蛇形幅度递增

⑤ Amplitude Increment：手动增加蛇形幅度的每次递增幅度，建议设置为 2mil，不建议设置过大。

⑥ Gap Increment：手动增加蛇形等长 Gap 的每次递增幅度，建议设置为 2mil，同样不建议设置过大。

（3）在需要等长的信号线上滑动，即可出现蛇形线，如图 9-107 所示。在走线状态下，按键盘上的"<"和">"按键可以调整蛇形线的上下幅度，每次递增幅度是之前

设置的 2mil。

（4）如果在蛇形走线的时候出现如图 9-108 所示的直角或者尖角，Gap 间距过大或过小，那么按字母键盘上方的数字键"1"可减小拐角幅度，按数字键"2"可增大拐角幅度，按数字键"3"可减小 Gap 间距，按数字键"4"可增大 Gap 间距。

图 9-108 等长的直角、锐角、钝角及等长的 Gap 调整

（5）在完成一段蛇形走线后，如果对所走线不满意，可以单击此段蛇形线，出现复选框，可以根据复选框中的白色"小点"进行形状的拉伸调整，如图 9-109 所示。

图 9-109 蛇形线的调整

（6）常规的等长走线是围绕走线的上下两边同时进行绕线的，为了节约等长空间，一般按照方式 1 在进行等长绕线前，在等长另一侧增加一条阻碍线，这样蛇形绕线通常会出现在同侧，之后删除阻碍线即可，如图 9-110 所示。

图 9-110 阻碍线的使用

9.7.2　差分蛇形线

至于 USB、SATA、PCIE 等串行信号，并没有上述并行总线的时钟概念，其时钟是隐含在串行数据中的。数据发送方将时钟包含在数据中发出，数据接收方通过接收到的数据恢复出时钟信号。这类串行总线没有上述并行总线等长布线的概念。但因为这些串行信号都采用差分信号，为了保证差分信号的信号质量，对差分信号对的布线一般会要求等长且按总线规范的要求进行阻抗匹配的控制。

（1）差分蛇形线类似于单端蛇形线，也是先进行完差分走线，再执行菜单命令"Route-Interactive Diff Pair Length Tuning"（快捷键"UI"），激活差分等长命令，单击需要等长的差分走线，并按"Tab"键调出类似于单端等长的参数设置窗口，如图 9-111 所示，按照要求设置差分蛇形线参数。

图 9-111　差分蛇形线参数设置

（2）单击需要等长的差分走线，并滑动鼠标，即开始差分蛇形走线，必要时也可以加阻碍线。

（3）为了满足差分对内之间的时序匹配，一般差分对内之间也需要进行等长，误差要求一般是 5mil 以内。这种等长方式一般不再是以差分走线来等长了，而是利用单端走线命令，对差分走线的其中一条来进行绕线。常见差分对内等长方式如图 9-112 所示。

图 9-112　常见差分对内等长方式

9.8　多种拓扑结构的等长处理

9.8.1　点到点绕线

点到点绕线如图 9-113 所示，可以在类别中调用长度表格进行参照，一条一条绕到目标长度即可。

图 9-113　点到点绕线

若主干道上串联有电阻，可在原理图中将电阻两端短接起来，更新到 PCB 中，这样可以让串阻两端的网络是一样的了，再按照点到点方法进行绕线即可。

9.8.2　菊花链结构

　　在 PCB 设计中，信号走线通过 U1 出发途经 U2，再由 U2 到达 U3 的信号结构称为菊花链结构，如图 9-114 所示。在这种连接方法中，不会形成网状的拓扑结构，只有相邻的元件之间才能直接通信。

　　（1）执行菜单命令"DXP-Preferences-PCB Editor-General"，勾选"Protect Locked Objects"选项，如图 9-115 所示。

图 9-114　菊花链结构　　　　　　　　　　　　　图 9-115　菊花链中的节点

　　（2）找到菊花链中连接的节点（常见为过孔），进行锁定操作。

　　（3）复制 3 个版本的 PCB，如图 9-116 所示，利用网络的 Mask 工具过滤出菊花链的某个网络类，绕线前端时，可以框选后端走线进行删除，这样就转换为点到点绕线，然后在另外一个备份 PCB 中反向操作，最后综合到完成版本上即可。

图 9-116　Mask 功能过滤器

9.8.3　T 形结构

　　如图 9-117 所示，星形网络型结构常被称为 T 形结构。DDR2 相比之前的 DDR 规范没有延时补偿技术，因此时钟线与数据选通信号的时序裕量相对比较紧张。为了不使每片 DDR 芯片的时钟线与数据选通信号的长度误差太大，一般采用 T 形拓扑，T 形拓扑的分支也应尽量短、长度相等。

图 9-117　T 形结构

9.8.4　T 形结构分支等长法

这种方法可以类似于菊花链操作方法，主要是利用节点和多版本的操作，把等长转换为点对点等长法，实现 L+L′=L+L″=L1+L1′=L2+L2′，即 CPU 焊盘到每一片 DDR 焊盘的走线长度等长，如图 9-118 所示。

图 9-118　T 点等长

9.8.5　From To 等长法

（1）在 PCB 设计交互界面的右下角执行命令 "PCB-PCB-From-To Editor"，如图 9-119 所示，调出 From To 编辑器。

（2）选中需要 T 点的等长的网络，如 "C0_A13"，在弹出的网络节点中，选择 "U14-R8" 和 "U7-N25"，然后按 "Add From To C0_A13（U14-R8；U7-N25）" 按钮，创建一条单边 From To 连线，再选择 "U15-R8" 和 "U7-N25"，按 "Add From To C0_A13（U15-R8；U7-N25）" 按钮，添加该网络的另一边的 From To 连线，如图 9-120 中左图所示。

图 9-119　From To 编辑器的打开

（3）这时可以从图 9-120 中右图中看到两条虚线，这就是创建的 From To 连线，分别表示的是从 CPU 焊盘到两片 DDR 焊盘的距离，符合等长的原则要求。图 9-120 中左图中圆圈标记处是两条走线的长度，也是需要等长的两个数据。这个时候不需要管分支或者主干道，在分支或者主干道上绕线保证这两个数据在误差范围之内即可。

（4）类似于上述方法，可以创建好 A0～A15 所有的地址线或者其他控制线、时钟的 From To 连线，从而可以把它们等长。

图 9-120　From To 等长绕线

9.8.6　xSignals 等长法

2017 年 3 月，Altium 公司宣布其旗舰级 PCB 设计工具 Altium Designer 正式发布最新版本 18.1.5。此版本引入若干新特性，显著提高了设计效率，xSignals 功能就是其中之一。利用 xSignals 向导即可自动进行高速设计的长度匹配，它可以自动分析 T 形分支、元件、信号对和信号组数据，大大减少了高速设计配置时的时间消耗。

1. 手工法创建 xSignals

（1）在 PCB 设计交互界面的右下角执行命令"PCB-PCB-xSignals"，打开"xSignals"面板栏，如图 9-121 所示，在这里有默认的"All xSignals"，可以在这里单击创建 xSignal 类，在类窗口中单击鼠标右键，选择"Add Class"选项，添加一个以"DDR2_ADDR"为例的 xSignal 类。

（2）执行菜单命令"Design-xSignals-Create xSignals"，如图 9-122 所示，进入 xSignals 添加匹配界面，如图 9-123 所示。

① 图 9-123 中上方两个箭头处输入第一匹配的元件位号和第二匹配的元件位号，这里选择"U7"和"U14"，即 CPU 和第一片 DDR。

② Net Class：如果之前创建了网络类，可以通过这里滤除一些网络，从而精准地筛选出需要添加到 xSignals 中的网络。

③ Include created xSignals into class：把这些适配的网络添加到刚创建的 xSignal 类中。

图 9-121　添加 xSignal 类

图 9-122　创建 xSignals

图 9-123　xSignals 添加匹配界面

（3）单击"Analyze"按钮，系统即可自动分析出哪些网络需要添加到 xSignals 中，单击"OK"
按钮，完成添加，如图 9-124 所示。

图 9-124　添加成功的 xSignals

2．向导法创建 xSignals

如果存在很多 xSignals 需要创建，可以通过 xSignals 向导，并利用元件与元件的关联性进行创建。

（1）执行菜单命令"Design-xSignals-Run xSignals Wizard"，打开 xSignals 向导，如图 9-125 所示，根据向导按"Next"按钮。

图 9-125　xSignals 向导

（2）进入如图 9-126 所示的"Select the Circuit"界面，选择创建 xSignals 的应用单元，此处提供 3 种选择。

图 9-126　选择应用单元及误差填写

① On-Board DDR3 / DDR4：有 DDR3 或者 DDR4 类型的板子。

② USB 3.0：含有 USB 3.0 的板卡。

③ Custom Multi-Component Interconnect：自定义选择类型。

因为方法类似，这里以 DDR3 的板卡类型为例进行说明。

● Data Bus Width（# of Data Lines in each Byte-Lane）：选择数据位类型，一般是 8 位或者 16 位，具体根据 DDR 来进行选择。

● Address / Cmd / Ctrl Match Length Tolerance：填写地址线 / 控制线的匹配误差，DDR 一

般填写 100mil，具体请详细参考 DDR 的规格要求。

● Data Byte-Lanes Matched Length Tolerance：填写数据线之间的误差，DDR 一般填写 50mil，具体请详细参考 DDR 的规格要求。

● Clock Within Diff Pair Length Tolerance：填写差分时钟的误差，DDR 一般填写 50mil，具体请详细参考 DDR 的规格要求。

（3）单击图 9-126 中的"Next"按钮，进入如图 9-127 所示的界面，通过元件过滤功能，选择需要创建的第一个元件"U7"，即主控 CPU，然后选择预知关联的第一片 DDR"U14"，这之后单击"Next"按钮。

图 9-127   xSignals 的元件关联选择

（4）进入如图 9-128 所示的界面，根据需要设置相关参数。

图 9-128   地址线网络关联的适配

① T-Branch Topology：选择拓扑结构。

② Define xSignal Class Name Syntax：自定义创建的 xSignal 类的名称和后缀。

③ Clarify Existing Net Names：选择地址线、控制线、时钟线总线的适配。

单击"Analyze Syntax & Create xSignal Classes"按钮，创建 xSignal 类，然后单击"Next"按钮。

（5）进入如图 9-129 所示的界面，类比于地址线的适配方法，设置好数据线适配的参数。单击"Finish"按钮，完成 U8~U14 的 xSignals 的创建。

图 9-129　数据线网络关联的适配

（6）在 PCB 设计交互界面的右下角执行命令"PCB-PCB-xSignals"，可以看到系统自动创建了 3 组 xSignal 类，单击其中的某一类，对其进行等长绕线，直到里面没有红色的标记为止，如图 9-130 所示。

图 9-130　xSignal 类等长数据列表

（7）依据上述方法，可以再创建 CPU 到另外一片 DDR 的 xSignal 类，分别进行等长。

9.9　本章小结

  PCB 布线是 PCB 设计当中占比重最大的一个部分，是学习重点中的重点。读者需要掌握设计当中的各类技巧，这样可以有效地缩短设计周期，也可提高设计的质量。同样希望读者在学习过程中能多多练习，做到熟能生巧。

第 10 章

PCB 的 DRC 与生产输出

前期为了满足各项设计的要求，通常会设置很多约束规则，当一个 PCB 设计完成之后，通常要进行 DRC（Design Rule Check）。DRC 就是检查设计是否满足所设置的规则。一个完整的 PCB 设计必须经过各项电气规则检查，常见的检查包括间距、开路及短路的检查，更加严格的还有差分对、阻抗线等检查。

学习目标

➢ 掌握 DRC
➢ 掌握装配图或多层线路 PDF 文件的输出方式
➢ 掌握 Gerber 文件的输出步骤并灵活运用

10.1 DRC

10.1.1 DRC 设置

DRC（Design Rule Check）就是检查设计是否满足所设置的规则。需要检查什么，其实都是和规则相对应的，在检查某个选项时，请注意对应的规则是否使能打开。

（1）执行菜单命令"Tools-Design Rule Check...（快捷键"TD"），如图 10-1 所示，打开如图 10-2 所示的 DRC 设置对话框。

图 10-1　打开 DRC 设置命令

图 10-2　DRC 设置对话框

① Create Report File：执行完 DRC 之后，Altium Designer 会创建一个关于 DRC 的报告，对报错信息会给出详细的描述并会给出报错的位置信息，方便设计者对报错信息进行解读，如

图 10-3 所示。

图 10-3　DRC 详细报告内容

② Stop when <u>50000</u> violations found：表示当系统检测到 50000 个 DRC 报错的时候直接停止再检查，系统默认设置一般是 500，但是设置到 500 时有些 DRC 会进行显示，有些 DRC 不会进行显示，只有修正已存在的错误，再次 DRC 的时候才会显示，这样对于大板设计非常方便。

（2）设置 DRC 检查选项，如图 10-4 所示，选择需要检查的规则项，在"Online"和"Batch"栏中勾选使能检查。

① Online：当 PCB 设计当中存在 DRC 报错时可以实时地显示出来。

② Batch：只有手工执行 DRC 时，存在问题的报错才会显示出来。

一般来说，需要进行 DRC 的时候两者都进行勾选，方便实时检查和手动检查同时进行。

图 10-4　设置 DRC 检查选项

DRC 不是说所有的规则都需要检查，设计者只需要检查自己想要检查的规则即可，不想检查的规则对应的"Online"和"Batch"取消勾选就好了。下面对常见的几种 DRC 进行详细的描述。

10.1.2　电气性能检查

电气性能检查包括间距检查、短路检查及开路检查，如图 10-5 所示，一般这几项都需要勾选，对应的常见问题报错如图 10-6 所示。

图 10-5　电气性能检查设置

（a）间距报错 　　　　　　（b）开路报错 　　　　　　（c）短路报错

图 10-6　常见电气性能 DRC 报错

10.1.3　布线检查

如图 10-7 所示，布线检查包含阻抗线检查、过孔检查、差分线检查，当设置的线宽、过孔大小及差分线宽不满足规则约束要求时就会提示 DRC 报错，让设计者注意。

图 10-7　阻抗线检查、过孔检查、差分线检查设置

　小助手提示

一般在设计中，过孔的类型不要超过两种，这样再生产的时候可以少用钻头类型，提高生产效率。

10.1.4　Stub 线头检查

虽然我们会对走线进行一些优化，但是考虑到还要人工进行布线处理，难免会对走线的一些线头有遗漏，这种线头简称 Stub 线头。Stub 线头在信号传输过程中相当于一根"天线"，不断地接收或发射电磁信号，特别是高速的时候，容易给走线导入串扰，所以有必要对 Stub 线头进行检查，并在设计中进行删除处理，如图 10-8 所示。

图 10-8　Stub 线头检查

Net Antennae Tolerance：设置"天线"长度报错范围，一般设置为1mil。

10.1.5 丝印上阻焊检查

阻焊是防止绿油覆盖的区域，会出现露铜或者露基材的情况，当丝印标识放置到这个区域时，会出现缺失的情况，需要对丝印上阻焊进行例行检查，如图10-9所示，需要对其规则进行设置，并且勾选DRC检查选项。

（1）Check Clearance To Exposed Cooper：检查丝印到铜皮的间距。

（2）Check Clearance To Solder Mask Openings：检查丝印到阻焊的间距，一般选择设置这项。

（3）Silkscreen To Object Minimum Clearance：丝印到阻焊的最小间距，一般设置为2mil。

图10-9　丝印上阻焊的设置与检查

10.1.6 元件高度检查

因为考虑到PCB布局存在限高要求，这种情况须对高度等进行例行检查。元件高度检查需要元件封装设置好高度信息、设置好高度检查规则及适配范围（全局还是局部），并勾选高度检查，如图10-10所示。

图10-10　元件高度检查

10.1.7 元件间距检查

大部分板子设计都是手工布局，难免存在元件重叠的情况，需要对元件间距进行检查，防止后期元件装配时出现干涉，如图10-11和图10-12所示。

（1）Minimum Horizontal Clearance：元件与元件的最小水平间距，一般设置为2mil。

（2）Minimum Vertical Clearance：元件与元件的最小垂直间距，一般设置为2mil。

图 10-11 常见的元件重叠情况及元件间距规则设置

图 10-12 元件间距检查

对上述常见的 DRC 检查选项设置勾选之后，执行 DRC 菜单左下角的"Run Design Rule Check..."命令，运行 DRC，等待几分钟之后，系统会生成一个 DRC 报告，详细列出错误内容及位置，如图 10-13 所示；或者回到 PCB 设计交互界面，在右下角执行命令"System-Messages"，如图 10-14 所示，同样可以查看 DRC 类型。一般情况下都是采用第二种方法来进行查看。

图 10-13 DRC 报告

图 10-14 Messages 报告

用鼠标双击 Messages 里面的 DRC 报告，可以弹跳到 PCB 报错位置，可以有针对性地对这个 DRC 报错修正，可以接受的 DRC 报错可以直接忽略。例如，焊盘在禁止布线层边线上，会出现间距报错，这种可以直接忽略不管。

重复上述步骤直到所有 DRC 报错更改完成，没有 DRC 报错或者所有 DRC 报错可以忽略为止，即完成 DRC。PCB 电路设计通过 DRC，可以进行下一步骤。

10.2 尺寸标注

为了使设计者或生产者更方便地知晓 PCB 尺寸及相关信息，在设计的时候通常考虑到给设计好的 PCB 添加尺寸标注。尺寸标注方式分为线性、圆弧半径、角度等形式，下面对最常用的线性标注及圆弧半径标注进行说明。

10.2.1 线性标注

（1）尺寸标注一般放置在机械层，选择一个相对干净的机械层（没有其他标注的或者标注比较清晰的），执行菜单命令"Place-Dimension-Linear"，单击边线，开始放置线性标注，在放置状态下按空格键，可以选择是横向放置标注还是竖向放置标注，在另外一边的边线再次单击可以完成标注的放置，如图 10-15 所示。

图 10-15　放置线性标注

（2）在放置状态下按"Tab"键，可以设置相关的显示参数，如图 10-16 所示。对于显示参数的设置，一般设置常用的即可。

图 10-16　尺寸标注显示设置

① Layer：放置的层。

② Format：显示的格式，如××、×× mm[常用]、××（mm）等。

③ Unit：显示的单位，如 mil、mm[常用]、inch 等。

④ Precision：显示的小数位的个数。

图 10-17　线性标注显示效果　　线性标注显示效果如图 10-17 所示。

> **小助手提示**
>
> 为了规范标注，建议采用两位小数标注，单位选择 mm。

10.2.2　圆弧半径标注

放置圆弧半径标注的方法类似于线性标注，执行菜单命令"Place-Dimension-Radial"，单击圆弧进行放置，放置完成后，可以双击显示参数进行设置。圆弧半径标注显示效果如图 10-18所示。

图 10-18　圆弧半径标注显示效果

10.3　距离测量

距离测量大体分两种：一种是点到点距离的测量，另一种是边到边距离的测量。

10.3.1　点到点距离的测量

这种测量主要用于对某两个对象之间大概距离的一个评估。执行菜单命令"Reports-Measure Distance"（快捷键"Ctrl+M"或者"RM"），激活点到点距离测量命令，再用鼠标单击起点和终点位置，系统测量之后会弹出一个标出 X 轴与 Y 轴长度的报告，如图 10-19 所示。

图 10-19　点到点距离的测量

10.3.2　边缘间距的测量

这种测量是两个对象边缘和边缘之间的间距测量，不管鼠标选中对象的哪个部位测量，只会测量对象与对象之间最近边缘的直线距离。执行菜单命令"Reports-Measure Primitives"（快捷键"RP"），激活边缘间距测量命令，再用鼠标单击两个对象，系统测量之后会弹出一个长度报告，如图 10-20 所示。

图 10-20　边缘间距的测量

10.4　丝印位号的调整

针对后期元件装配，特别是手工装配元件，一般都得出 PCB 的装配图，用于元件放料定位之用，这时丝印位号就显示出其必要性了。

生产时 PCB 上丝印位号可以进行显示或者隐藏，但是不影响装配图的输出。按快捷键"L"，按"All Layers Off"按钮，即关闭所有层，再单独勾选只打开丝印层及相对应的阻焊层，即可对丝印进行调整了。

10.4.1　丝印位号调整的原则及常规推荐尺寸

以下是丝印位号调整遵循的原则及常规推荐尺寸。

（1）丝印位号不上阻焊，放置丝印生产之后缺失。

（2）丝印位号清晰，字号推荐字宽/字高尺寸为 4 / 25mil、5 / 30mil、6 / 45mil。

（3）保持方向统一性，一般一块 PCB 上不要超过两个方向摆放，推荐字母在左或在下，如图 10-21 所示。

图 10-21　丝印位号显示方向

（4）对于一些摆布下的丝印标识，可以用放置 2D 辅助线或者放置方块进行标记，方便读取，如图 10-22 所示。

图 10-22　辅助线及方块

10.4.2　丝印位号的调整方法

Altium Designer 提供一个快速调整丝印的方法，即"Component Text Position"功能，可以快速地把元件的丝印放置在元件的四周或者元件的中心。

（1）选中需要操作的元件。

（2）按快捷键"AP"，进入元件的丝印摆放选择对话框，如图 10-23 所示，该对话框中提供"Designator"和"Comment"两种摆放方式，这里以"Designator"为例进行说明。

（3）"Designator"提供向上、向下、向右、向左、左上、左下、右上、右下几种方向，可以与小键盘上的数字键进行对应。通过对"Component Text Position"命令设置快捷键的方法，想让其快速地把选中元件的丝印位号放置到元件的上方时，在小键盘上按数字键"5"和"2"就可以完成此操作，如图 10-24 所示。其他方向摆放类似，例如，按数字键"5"和"6"放置到元件的右方，按数字键"5"和"8"放置到元件的下方。

图 10-23　Component Text Position

图 10-24　丝印位号快速放置到元件的上方

10.5　PDF 文件的输出

在 PCB 生产调试期间，为了方便查看文件或者查询相关元件信息，会把 PCB 设计文件转换成 PDF 文件。下面介绍常规 PDF 文件的输出方式。

前期工作是需要在电脑上安装虚拟打印机及 PDF 阅读器，准备充足后按照以下步骤进行操作。

（1）执行菜单命令"File-Smart PDF"，打开 PDF 输出设置向导，如图 10-25 所示，根据向导，按"Next"按钮进入下一步。

（2）Choose Export Target：按照向导提示，设置好文件的输出路径，如图 10-26 所示。

图 10-25　PDF 输出设置向导

图 10-26　文件输出路径的设置

（3）Export Bill of Materials：物料清单输出选项，此项可选，不过 Altium Designer 有专门输出 BOM 表功能，此处一般不再勾选，如图 10-27 所示。

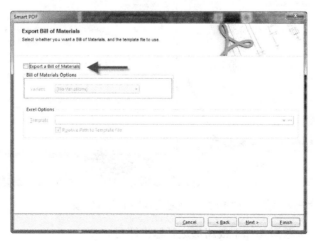

图 10-27　BOM 表输出选择

10.5.1　装配图的 PDF 文件输出

（1）在输出栏目条上单击鼠标右键，创建装配图输出，一般默认创建顶层和底层装配输出元素，如图 10-28 所示。

图 10-28　创建装配输出元素

（2）双击"Top Layer Assembly Drawing"输出栏目条，可以对输出属性进行设置，装配元素一般输出机械层、丝印层及阻焊层，单击"Add..."、"Remove..."等按钮进行相关输出层的添加、删除等操作，如图 10-29 所示。同理，对"Bottom Layer Assembly Drawing"输出栏目条进行相同操作。

图 10-29　装配元素输出设置选项

如果是装配图，一般添加如下线路层进行输出即可。

① Top / Bottom Overlay：丝印层。

② Top / Bottom Solder：阻焊层。

③ Mechanical / Keep-Out Layer：机械层 / 禁布层。

（3）在如图 10-30 所示的视图设置对话框中，底层装配栏勾选"Mirror"选项，在输出之后观看 PDF 文件时是顶视图，反之是底视图。

图 10-30　视图设置

（4）Area to Print：选择 PDF 打印范围，如图 10-31 所示。

① Entire Sheet：整个文档全部打印。

② Specific Area：区域打印，可以自行输入打印范围的坐标，也可以按"Define"按钮，利用鼠标框选需要打印的范围。

图 10-31　打印范围设置

（5）设置输出颜色，如图 10-32 所示，可选"Color"（彩色）、"Greyscale"（灰色）、"Monochrome"（黑白），单击"Finish"按钮，完成装配图的 PDF 文件输出。

图 10-32　输出颜色设置

（6）对于 Demo 案例装配图，其 PDF 文件输出效果图如图 10-33 所示。

图 10-33　Demo 案例装配图的 PDF 文件输出效果图

10.5.2　多层线路的 PDF 文件输出

多层线路输出方便于那些不熟悉 Altium Designer 的工程师检查 PCB 线路之用，可以一层一层地单独输出，设置操作方式类似于装配图的输出方式。

（1）同样执行 PDF 输出设置向导，至关键设置项，在输出栏目条上单击鼠标右键，输出层的添加如图 10-34 所示，单击"Insert Printout"选项，插入需要输出的层，然后重复操作。

图 10-34　输出层的添加

（2）双击输出栏目条，对输出属性进行设置，单击"Add…"、"Remove…"等按钮进行相关输出层的添加、删除等操作，如图 10-35 所示。同样，底层勾选"Mirror"选项。每一个栏目条对应一层即可，不需要添加其他东西。

图 10-35　输出的层属性添加

（3）设置输出颜色，选择"Color"（彩色），单击"Finish"按钮，完成多层线路的 PDF 文件输出，其效果图如图 10-36 所示。

图 10-36　多层线路的 PDF 文件输出效果图

10.6　生产文件的输出步骤

生产文件的输出，俗称 Gerber Out。Gerber 文件是所有电路设计软件都可以产生的文件，在电子组装行业又称为模板文件（Stencil Data），在 PCB 制造业又称为光绘文件。可以说，Gerber 文件是电子组装业中最通用、最广泛的文件，生产厂家拿到 Gerber 文件可以方便和精确地读取制板的信息。

10.6.1　Gerber 文件的输出

（1）在 PCB 设计交互界面中，执行菜单命令"File-Fabrication Outputs-Gerber Files"，进入"Gerber Setup"界面，如图 10-37 所示。

① Units：输出单位选择，通常选择"Inches"。

② Format：比例格式选择，通常选择"2：4"。

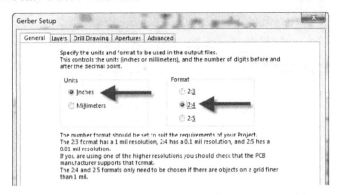

图 10-37 输出单位及比例格式选择

（2）"Layers"选项设置如下。

① 在"Plot Layers"下拉菜单中选择"Used on"选项，意思是在设计过程中用到的层都进行勾选输出，当然，对于不需要输出的层，可以直接在上面的列表框中取消勾选。

② 在"Mirror Layers"下拉菜单中选择"All off"选项，意思是全部关闭，不能镜像输出。

③ 层的输出选择如图 10-38 所示，注意必选项和可选项。

图 10-38 层的输出选择

层的英文释义如下。

● GTP = Gerber Top Paste 顶层钢网层

● GTS = Gerber Top Solder 顶层阻焊层

● GTO = Gerber Top Overlayer 顶层丝印层

● GTL = Gerber Top Layer 顶层线路层

● GP1 = Gerber Plane 1 第 1 个负片内层

● G1 = Gerber Layer 1 第 1 个正片内层

- G2 = Gerber Layer 2　第 2 个正片内层
- GP2 = Gerber Plane 2　第 2 个负片内层
- GBL = Gerber Bottom Layer　底层线路层
- GBO = Gerber Bottom Overlayer　底层丝印层
- GBS = Gerber Bottom Solder　底层阻焊层
- GBP = Gerber Bottom Paste　底层钢网层
- GM1= Gerber Mechanical 1　机械标注 1 层
- GKO= Gerber Keep-Out Layer　禁止布线层

（3）Drill Drawing Plots 和 Drill Guide Plots：对两处 "Plot all used drill pairs" 进行勾选，表示对用到的钻孔类型都进行输出，如图 10-39 所示。

图 10-39　Drill Drawing 设置

（4）Apertures：默认设置此项，选择 "RS274X" 格式进行输出，如图 10-40 所示。

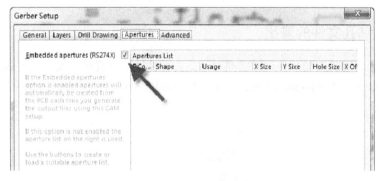

图 10-40　Apertures 设置

（5）Advanced：如图 10-41 所示，3 项数值都在后面增加一个 "0"，增大数值，防止出现输出面积过小的情况。其他选项采取默认设置即可。

如果不扩大设置，可能出现如图 10-42 所示的提示，有可能造成文件输出不全的情况，按照上面设置可以得到解决。

（6）Gerber 文件输出效果预览如图 10-43 所示。

末尾增加一个"0"，增大文件输出面积

图 10-41   Film Size 扩大设置

图 10-42   Gerber 文件输出面积过小

图 10-43   Gerber 文件输出效果预览

10.6.2   钻孔文件的输出

设计文件上放置的安装孔和过孔需要通过钻孔文件输出设置进行输出。在 PCB 设计交互界面中，执行菜单命令"File-Fabrication Outputs-NC Drill Files"，进入钻孔文件的输出设置界面，如图 10-44 所示。

图 10-44   钻孔文件的输出设置

（1）Units：输出单位选择，通常选择"Inches"。

（2）Format：比例格式选择，通常选择"2：4"。

（3）其他选项进行默认设置。

在 PCB 设计阶段，通常在 PCB 的右下角"Drill Drawing"层放置".legend"字符，在输出 Gerber 文件之后，会很详细地看到钻孔的属性及数量等信息，如图 10-45 所示。

图 10-45 ".legend"字符的放置和输出

小 助 手 提 示

在 PCB 中放置".legend"字符时，字高和字宽不要太大，放置 30 / 5 mil 最佳，不宜过大。

10.6.3 IPC 网表的输出

如果在提交 Gerber 文件给生产厂家时，同时生成 IPC 网表给厂家核对，那么在制板时就可以检查出一些常规的开路、短路问题，可避免一些损失。

在 PCB 设计交互界面中，执行菜单命令"File-Fabrication Outputs-Testpoint Report"，进入 IPC 网表的输出设置界面，按照图 10-46 所示进行相关设置，之后输出即可。

图 10-46 IPC 网表的输出设置

10.6.4　贴片坐标文件的输出

制板生产完成之后，后期需要对各个元件进行贴片，这需要用各元件的坐标图。Altium Designer 通常输出 TXT 文档类型的坐标文件。在 PCB 设计交互界面中，执行菜单命令 "File-Assembly Outputs-Generate Pick and Place Files"，进入贴片坐标文件的输出设置界面，选择输出坐标格式和单位，如图 10-47 所示。

图 10-47　贴片坐标文件的输出设置

至此，所有的 Gerber 文件输出完毕，把当前工程目录下输出文件夹中的所有文件进行打包，即可发送到 PCB 加工厂进行加工。Gerber 文件的打包如图 10-48 所示。

图 10-48　Gerber 文件的打包

10.7　本章小结

本章主要讲述了 PCB 设计的一些后期处理，包括 DRC、丝印的摆放、PDF 文件的输出及生产文件的输出。读者应该全面掌握本章内容，将其应用到自己的设计当中。

对于一些 DRC 检查项，可以直接忽略，但是对于书中提到的一些检查项，请引起重视，着重检查，相信很多生产问题都可以在设计阶段规避。对于书中讲解不到位的内容或者读者不理解的地方，欢迎读者和本书作者沟通咨询。

第11章

Altium Designer 高级设计技巧及应用

技巧可以缩短达到目的的路径，技巧是提高效率的强大手段，Altium Designer 汇集了很多的应用技巧，需要我们深挖。本章总结一些 Altium Designer PCB 设计中常用的高级设计技巧，读者通过对本章的学习可以有效地提高工作效率。

软件之间相互转换的操作是目前很多工程师都有的困扰，本章的讲解为不同软件平台的设计师提供了便利。

 学习目标

➢ 熟悉 FPGA 管脚的调整技巧
➢ 熟悉相同模块快速布局布线的方法
➢ 熟悉孤铜移除的方法
➢ 了解 Logo 导入的方法
➢ 了解常用 PCB 工具相互转换的方法

11.1 FPGA 管脚的调整

随着 FPGA 的不断开发，其功能越来越强大，也给其布线带来了很大的便捷性——管脚的调整。

对于密集的板卡，走线时可以不再绕来绕去，而是根据走线的顺序进行信号的调整，然后通过软件编程来校正信号的通信就可以了。在调整 FPGA 管脚之前必须熟悉几点注意事项。

11.1.1 FPGA 管脚调整的注意事项

（1）如图 11-1 所示，当存在 VRN／VRP 管脚连接上／下拉电阻时，不可以调，VRN／VRP 管脚提供一个参考电压供 DCI 内部电路使用，DCI 内部电路依据此参考电压调整 I／O 输出阻抗与外部参考电阻 R 匹配。

（2）一般情况下，相同电压的 Bank 之间是可以互调的，但部分客户会要求在 Bank 内调整，所以调整之前要跟客户商量好，以免做无用功。

（3）做差分时，"P"、"N" 分别对应正、负，不可相互之间调整。

（4）全局时钟要放在全局时钟管脚的 P 端口，不可以随便调整。

图 11-1　FPGA 管脚调整的注意事项

11.1.2　FPGA 管脚的调整技巧

（1）为了方便识别哪些 Bank 之间可以互调，必须先对 FPGA 各个 Bank 进行区分。在原理图编辑界面中，执行图标命令"Cross Probe"，单击某个 FPGA 的某个 Bank，直接跳转到 PCB 中相对应的 Bank 管脚高亮，这时可以在某一机械层添加标注，进行标记，如图 11-2 所示。

图 11-2　Bank 的标记

（2）按照相同的操作方法可以把调整 Bank 在 PCB 中进行标记，如图 11-3 所示。

图 11-3　被标记的 FPGA

（3）完成上述步骤之后，就可以按照正常的 BGA 出线方式把所有的信号脚进行引出，并按照走线顺序对接排列，但非连接上，如图 11-4 所示，飞线是交叉的，但是不直接连上。最后保存好所有文档。

图 11-4　信号走线的对接

（4）在 PCB 设计交互界面中，执行菜单命令"Project-Component Links..."，进行元件匹配，将左边元件全部匹配到右边窗口，单击"Perform Update"按钮，执行更新，如图 11-5 所示。

图 11-5　元件的匹配

（5）执行菜单命令"Tools-Pin / Part Swapping-Configure"，定义和使能可调换管脚元件，如果弹出警告，须重新返回第（4）步进行操作，或者执行从原理图导入 PCB 的操作，使原理图和 PCB 完全对应上之后再按照此步骤进行操作，否则会弹出如图 11-6 所示的警告信息。

图 11-6　警告信息

（6）找到 FPGA 对应的元件位号，勾选使能状态，双击该元件，对该元件的可以调换的 I / O 属性管脚创建 Group 操作，单击"OK"按钮，设置完毕，如图 11-7 所示。

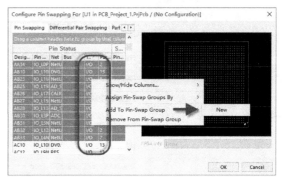

图 11-7　可调换 FPGA 的使能及 Group 设置

（7）执行菜单命令"Tools-Pin / Part Swapping-Interactive Pin / Net Swapping"，单击之前对接的信号走线，进行线序调换。注意："Project"工程文件一定要保存一下，再操作。

执行完上述步骤之后，PCB 管脚调换的工作就完成了，具体效果如图 11-8 所示。

图 11-8　线序的调换调整

（8）PCB 执行调换更改之后，需要把网络交互反导入原理图，如图 11-9 所示，执行菜单命令"Project-Project Options..."，勾选反导入选项"Changing Schematic Pins"。

图 11-9　反导入原理图设置

（9）在 PCB 设计交互界面执行"Update Schematic in Project"命令，按照之前原理图导入 PCB 那样的方法，完成 PCB 导入原理图。

11.2 相同模块布局布线的方法

PCB 的相同模块如图 11-10 所示。很多 PCB 设计板卡中存在相同模块，给人整齐、美观的感觉。从设计的角度来讲，整齐划一，不但可以减少设计的工作量，还保证了系统性能的一致性，方便检查与维护。相同模块的布局布线存在其合理性和必要性。

图 11-10　PCB 的相同模块

（1）相同模块布局布线的注意事项如下。

① PCB 中相同模块对应的元件 Channel Offset 值必须相同，在原理图导入的时候，注意对通道数值的检查，如图 11-11 所示。

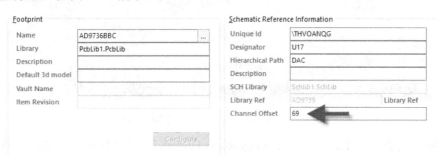

图 11-11　Channel Offset 值

② 元件不能锁住，否则无法进行。

（2）在原理图中直接执行更新命令至 PCB，如图 11-12 所示，在导入的界面中有 9 张原理图（相同模块数分割的原理图张数）。原理图生成 RoomPage10-NET0 至 RoomPage18-NET8，这正是我们所需要的。值得注意的是，元件类规则必须同时导入，否则不成功。

（3）和 FPGA 管脚调整一样，在执行更新操作之后须对元件进行匹配关联。在 PCB 设计交互界面中，执行菜单命令"Project-Component Links..."，进行元件匹配，将左边元件全部匹配到右边窗口，单击"Perform Update"按钮，执行更新。

图 11-12　Room（区域）和类的添加

（4）如图 11-13 所示，对其中一个通道的模块执行布局布线，并用更新的 Room 对其进行覆盖。

图 11-13　模块的布局布线

（5）执行菜单命令"Design-Rooms-Copy Room Formats"，设置对应的复制选项，单击"OK"按钮，之后激活 Room 复制命令，如图 11-14 所示。

① Rooms
- Source Room：参考的 Room。
- Destination Room：需要复制的目标 Room。

② Options
- Copy Component Placement：复制元件的布局格式。
- Copy Designator & Comment Formatting：对元件的位号和值的格式也进行复制。
- Copy Routed Nets：复制走线网络。

- Copy Room Size / Shape：复制 Room 的大小 / 形状。
- Copy Selected Objects Only：只复制选择的对象。这个一般不勾选了。
③ Channel to Channel Component Matching：选择通道和通道的形式进行复制关联匹配。

图 11-14　Room 的复制

（6）单击已布局布线好的模块 Room，再单击尚未布局布线好的模块 Room，即可完成相同模块的快速布局布线，如图 11-15 所示。依照此方法，再继续完成其他几个模块的布局布线即可。有时候这些需要几个小时处理的工作，可以在几分钟之内完成，非常高效。

图 11-15　相同模块布局布线效果图

　　因为布局空间的限制，在做相同模块时建议预先规划好每一个小模块所需要占用的空间，规划好设计通道。在 PCB 的工作范围外做好模块，再根据设计通道挪移进去。

11.3　孤铜移除的方法

孤铜，也叫孤岛（Isolated Shapes），也叫死铜，如图 11-16 所示，是指在 PCB 中孤立无连接的铜箔，一般都是在敷铜时产生的，不利于生产。解决的方法比较简单，可以手工连线将其与同网络的铜箔相连，也可以通过打过孔的方式将其与同网络的铜箔相连。无法解决的孤铜，删除掉即可。

图 11-16　孤铜

11.3.1　正片去孤铜

（1）在敷铜设置状态时，设置好移除孤铜选项：如图 11-17 所示，勾选"Remove Dead Copper"选项。同时，通过线宽、间距设置适当增大敷铜线宽和间距，可以减少孤铜的出现；也不宜设置过大，造成平面分裂变大，一般推荐线宽值 5mil，网格值 4mil。

图 11-17　敷铜设置

（2）通过放置 Cutout 把孤铜进行删除处理：执行菜单命令"Place-Polygon Pour Cutout"，进行放置，完成之后，对其覆盖的铜皮进行重新敷铜即可移除。此方法适用较局限，不能自动全局进行移除死铜，建议采用第一种。Cutout 移除孤铜如图 11-18 所示。

图 11-18　Cutout 移除孤铜

11.3.2　负片去孤铜

负片当中有时因规则设置不当，会出现如图 11-19 所示的大面积的孤铜，所以当发现这种情况时需要首先检查规则是否恰当，并适当调整规则适配。

（1）设置反焊盘的大小：此种现象一般是由于负片反焊盘设置过大造成的，可以适当减小其设置的数值，按快捷键"DR"，进入规则约束管理器，找到"Plane-Power Plane Clearence"规则项，对反焊盘的大小进行设置，如图 11-20 所示。前面也讲过，反焊盘的大小推荐设置为9～12mil。

图 11-19　负片孤铜

图 11-20　反焊盘的大小设置

（2）放置填充法：如果第一种方法还没有解决，那么可以通过把过孔和过孔之间的间距移开一些，或者弄清楚负片的概念（不可视为铜皮，可视为非铜皮），通过放置填充来解决，如图 11-21 所示，执行菜单命令"Place-Fill"，进行放置填充，这样看到的方块就没有铜了，类似地可以处理其他。

（3）Cutout 移除法：和正片一样，负片也可以通过放置 Cutout 来进行挖铜操作，如图 11-22 所示，放置 Cutout 之后，把中间所有的死铜都移除掉了。

移除孤铜的方法多样，可以灵活运用。

图 11-21　放置填充法

图 11-22　Cutout 移除法

小助手提示

放置填充法和 Cutout 移除法因为是手工的，难免会遗漏。遇到这种情况一般的处理方法是把过孔的间距拉大，满足反焊盘的间距要求，或者通过调整约束规则来实现。

11.4　检查线间距时差分间距报错的处理方法

为了尽量减小单板设计的串扰问题，PCB 设计完成之后一般要对线间距 3W 规则进行一次规则检查。一般的处理方法是直接设置线与线的间距规则，但是这种方法的一个弊端是差分线间距（间距设置大小不满足 3W 规则的设置）也会 DRC 报错，产生很多 DRC 报告，难以分辨，如图 11-23 所示。

图 11-23　DRC 报告

如何解决这个问题呢？可以利用 Altium Designer 的高级规则编辑功能，对差分线进行过滤。

（1）按快捷键 "DR"，进入规则约束管理器，新建一个间距规则，并把优先级设置到第一位。

（2）如图 11-24 所示，在 "Where The First Object Matches" 处选择 "Custom Query"，进入用户自定义界面，然后再选择 "Query Helper…"，自定义帮助菜单。

（3）从图 11-24 中可以看出，下面存在高级工具菜单栏，包含 "+"、"–"、"*" 等。这些可用于编辑高级规则，这其实和编写 C 语言代码类似。由于高级代码的使用频率较低，在此不做说明，如果读者想了解可以参考 Altium Designer 的官方文档，弄清楚每一个代码的含义再进行编辑。在此，在自定义代码编辑框中输入"istrack>(InDifferentialPairClass('All Differential Pairs'))"，表示的含义是不包含差分走线的导线。

图 11-24　规则的设置

（4）在"Where The Second Object Matches"处适配"IsTrack"，那么整个规则的含义表述为除了差分线之外的导线和导线之间的距离。

（5）按快捷键"TDR"，重新运行 DRC，可以得到如图 11-25 所示的结果，差分线之间的间距只有 8.6mil，不满足设计的 3W 规则 12mil，但是不再进行报错。

图 11-25　走线间距规则报告

11.5　如何快速挖槽

在 PCB 设计过程中，无论是高压板卡爬电间距，还是板型结构要求，会经常遇到板子需要挖槽的情况，那么如何做呢？顾名思义，挖槽是在设计的 PCB 上进行挖空处理，如图 11-26 所示，挖槽有长方形、正方形、圆形或异形挖槽。

图 11-26　PCB 上的挖槽

11.5.1　通过放置钻孔

规范的标准做法是在钻孔层放置钻孔，把加工信息直接加载到制板文件中。此种方法一般适用于长方形、正方形、圆形等比较规则的挖槽。

（1）执行菜单命令"Place-Pad"，激活放置焊盘命令，在放置状态下按"Tab"键，如图 11-27 所示设置好钻孔属性，放置一个宽 2mm、长 10mm 的挖槽。

图 11-27　钻孔属性设置

① Hole Size：过孔的大小，设置为"2mm"。

② Slot Length：槽的长度，设置为"10mm"。Rotation：槽的角度调整，这个根据实际情况填写。

③ Size and Shape：焊盘的大小和形状选择。

④ Layer：焊盘放置的层属性，如果是通孔，选择"Multi-Layer"。

⑤ Plated：是金属化的时候进行勾选，非金属化的时候勾选去掉。

（2）放置一个5mm×5mm的圆形挖槽，数据信息填写如图11-28所示。

图11-28　圆形挖槽数据信息填写

所以，长方形、正方形、圆形等规则的挖槽，都可以通过放置钻孔的方法来进行。

11.5.2　通过板框层及Board Cutout

因为焊盘不能设置异形槽孔，所以异形挖槽不能用上述方法进行处理。对于异形挖槽，可以把挖槽信息放置到板框层，注意一定是选定的板框层，并给制板厂商表示清楚，执行菜单命令"Place-Line"，在板框层绘制一个想要的闭合挖槽形状；选中此闭合挖槽，执行菜单命令"Tools-Convert-Create Board Cutout From Selected Primitives"，创建一个Board Cutout，切换到3D状态下可以看到其效果图，如图11-29所示。

根据上述两种方法，想要什么槽孔就可以创建出什么样的槽孔。

图11-29　不同的挖槽

11.6　插件的安装方法

Altium Designer 10 及以上的版本，很多插件是没有直接安装好的，或者在安装的时候没有去勾选 "Importers\Exporters" 选项，等到后期需要的时候，就要安装它。

（1）准备好安装包（一般软件安装包里面是有这些插件的）。

（2）打开 Altium Designer，执行菜单命令 "DXP-Extensions and Updates"，进入 "Extensions & Updates"（扩展及更新）界面，如图 11-30 所示。

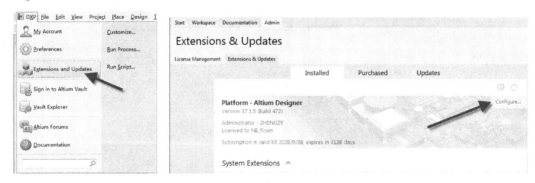

图 11-30　扩展及更新界面

（3）单击右上角的 "Configure..." 按钮，进入如图 11-31 所示的插件选择界面，其中罗列出了很多相关的插件，如 DXF 导入导出、其他版本软件的转换等，可以在插件名称前面的框中进行勾选。

图 11-31　插件选择界面

（4）一般默认全部安装，单击右上角的"Apply"按钮，执行安装，等待安装完成并重启软件，即可使用，如图 11-32 所示。

图 11-32　执行更新和重启应用

（5）有些人进入插件选择界面没有这些插件，可以在插件选择界面中，单击右上角的设置命令，进入如图 11-33 所示的"System-Installation"界面，设置好安装的离线目录（即安装包的路径），如果没有，可以选择在线安装选项。设置这个之后，再进入刚才的插件选择界面就可以安装了。

图 11-33　系统安装路径设置

11.7　PCB 文件中的 Logo 添加

Logo 识别性是企业标志的重要功能之一，特点鲜明、容易辨认，很多客户需要在 PCB 设计阶段导入 Logo 标识归属特性。如果 Logo 是 CAD 文件，可以直接按照前面介绍的 DXF 文件的导入方法进行导入；如果 Logo 是图片文档，可以按照如下操作步骤进行导入。

（1）首先进行位图的转换。利用 Windows 画图工具，把图片转换成单色的 BMP 位图，如果转换成单色位图失真了的话，可以转换成 16 色位图或者其他位图，但一定要是位图才行，如图 11-34 所示。Logo 图片像素较高时，转换的 Logo 更清晰，转换完成之后放置到桌面上。

（2）下面开始导入步骤。打开 Altium Designer，执行菜单命令"DXP-Run Script…"，进入选择脚本界面，选择"From file…"命令，如图 11-35 所示，在"C:\Program Files(x86)\Altium17\Examples\Scripts\Delphiscript Scripts\Pcb\PCB Logo Creator"路径下找到 PCB Logo 导入的脚本"PCBLogoCreator.PRJSCR"，单击"打开"按钮。

图 11-34　位图的转换

图 11-35　加载 Logo 转换脚本

在以上路径下没有 Logo 转换脚本的，可以联系作者进行获取，或者在 PCB 联盟网上进行获取。

（3）单击加载的脚本，会进入 Logo 导入向导，如图 11-36 所示，对其向导参数进行设置。

① Load：加载之前已经转换好的位图。

② Board Layer：选择好 Logo 需要放置层，一般选择"Top Overlayer"。

③ Image size：预览导入之后的 Logo 大小。

④ Scaling Factor：导入比例尺，根据预览的图片尺寸，可以调节比例尺，调节出想要大小的 Logo。

⑤ Negative：反色设置，一般不勾选，读者可以自己尝试效果。

⑥ Mirror X：关于 X 轴镜像。

⑦ Mirror Y：关于 Y 轴镜像。

（4）设置好参数之后，单击"Convert"按钮，进行 Logo 转换，等待几分钟之后，转换完成，可以查看效果图，如图 11-37 所示。

图 11-36　Logo 转换设置

图 11-37　Logo 转换效果图

（5）导入之后，如果对大小不是很满意，可以通过创建"联合"来进行调整。

① 框选导入之后的 Logo，单击鼠标右键，选择执行命令"Unions-Create Union from selected objects"，创建好"联合"，如图 11-38 所示。

② 在 Logo 上面再次单击鼠标右键，选择执行命令"Unions-Resize Union"，如图 11-39 所示。

图 11-38　创建"联合"

图 11-39　执行大小变更

（6）激活设置大小命令之后，单击 Logo，这个时候就会出现 Logo 的调整大小的调整点，单击拖动调整点就可以变大或者缩小了，如图 11-40 所示。

图 11-40　大小变更预览

（7）如果需要转换成元件，方便下次调用的话，可以直接框选复制这些 Logo 元素，新建一个元件封装，粘贴到里面，下次调用的时候，直接这样放置就好了，如图 11-41 所示。

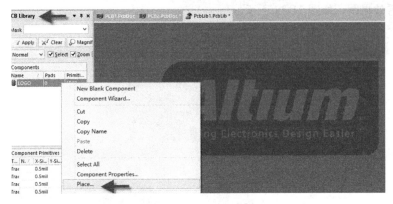

图 11-41　Logo 封装的创建

11.8　3D 模型的导出

3D PCB 设计不只是好看，最主要的是可以利用 3D 模型来进行结构核对。一般来说用专业的工具来核对结构或者直接采用 PDF 的形式进行测绘时，需要对 PCB 设计的 3D 模型进行导出。

导出之前需要检查一下 3D 是否全部做好，包括元件的高度和 PCB 的厚度等信息，这两个信息是核对结构最基本的信息。

对于元件的高度信息，如果没有做好，可以按照前文的制作方法更新进来。对于 PCB 的厚度信息，可以按快捷键"DK"，进入叠层管理器，找到 Thickness 选项卡，可以根据板厚和叠层的总体要求，变更下面的数据即可，让其满足厚度要求，如图 11-42 所示。

图 11-42　PCB 厚度的数据变更

11.8.1　3D STEP 模型的导出

3D STEP 模型一般是提供给专业的 3D 软件进行结构核对，如 Pro / Engineer。Altium Designer 提供导出 3D STEP 模型的功能，结构工程师可以直接导出进行结构核对。

（1）在 PCB 设计交互界面中，执行菜单命令"File-Export-STEP 3D"，如图 11-43 所示。

（2）在弹出的对话框中按图 11-44 所示进行设置。

① Components With 3D Bodies—Export All：对含有 3D 模型的元件全部都导出来。

② 3D Bodies Export Options—Export both：对简单模型和导入的模型都进行导出。

③ Pad Holes—Export All：对焊盘孔都进行导出。

④ Component Suffix—None：不用添加元件的后缀。

图 11-43　导出 3D STEP 模型　　　　图 11-44　导出选项设置

（3）导出来后缀为.step 的文件就是 3D STEP 模型文件，可以发送给结构工程师核对。

11.8.2　3D PDF 的输出

（1）和 3D STEP 模型的导出类似，执行菜单命令"File-Export-PDF3D"，如图 11-45 所示。

（2）在弹出的如图 11-46 所示的对话框中，可以采用 Altium Designer 默认设置，也可以选择性地进行输出。常用输出选项释义如下。

① Solder：阻焊。

② Silk：丝印。

③ Copper：铜皮，可以复选"Hide internal"（隐藏内层）。

④ Text：文字。

⑤ 3D Body：3D 模型，这个一定要输出。

图 11-45　输出 3D PDF

图 11-46　3D PDF 输出设置

（3）设置完成之后，单击"Export"按钮，进行输出。

（4）用 PDF 阅读器或者编辑器对输出的 PDF 进行打开，这里建议使用 PDF 编辑器工具 Adobe Acrobat，可以对输出的 PDF 图形进行编辑、测量等操作，如图 11-47 所示。

图 11-47　3D PDF 的编辑

（5）3D PDF 还可以协助检查 PCB 的一些常规性能，如 No Net，单击图 11-48 中的"No Net"选项，就可以高亮出来，再到 PCB 中更正就好了。

图 11-48　No Net 检查

11.9　极坐标的应用

如图 11-49 所示，在 PCB 设计行业，特别是 LED 灯板行业，需要对 LED 灯珠进行圆弧等间距排列，如果对每个元件都计算清楚其坐标再进行放置的话会非常烦琐，那么有没有什么好的办法呢？Altium Designer 提供一个非常简单的解决方案——极坐标。

（1）新建一个 PCB 文件，按快捷键"EOS"，在空白处设置一个原点，在空白处单击鼠标右键，选择执行命令"Options-Grid Manager"（快捷键"OG"），如图 11-50 所示，进入网格管理器。

图 11-49　常见的 LED 灯板

图 11-50　网格命令

（2）在如图 11-51 所示的网格管理器中，默认存在一个全局网格，我们不去管它，单击左下角的"Menu"按钮，选择"Add Polar Grid..."（添加极坐标）命令。

图 11-51　添加极坐标

（3）双击添加的极坐标项，进入极坐标参数设置窗口，如图 11-52 所示，这里以一个半径为 500mil 的圆弧极坐标为例进行说明。

① Settings

● Name：可以设置极坐标名称。

● Unit：单位设置。

② Steps

● Angular Step：这个是元件放置的旋转角度设置。

● Radial Step：这个是元件第一圈和第二圈的间隔设置。

③ Origin：极坐标原点设置。

④ Angular Range

● Start Angle：极坐标的起始角度。

● End Angle：极坐标的终止角度。

⑤ Radial Range

● Min：极坐标的起始半径。

● Max：极坐标的终止半径。

图 11-52　极坐标参数设置

（4）单击"OK"按钮，完成极坐标参数设置，退回网格管理器，勾选"Comp"选项。可以看到，PCB 上以之前设置的原点为中心生成一个如图 11-53 所示的极坐标。

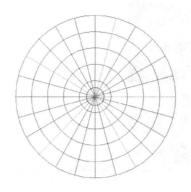

图 11-53　极坐标

（5）按快捷键"TP"，更改空格旋转角度为 15°，拖动 LED 灯珠进行放置，如图 11-54 与图 11-55 所示。

图 11-54　LED 灯珠的放置

图 11-55　极坐标放置 LED 灯珠效果

11.10　Altium Designer、PADS、OrCAD 之间的原理图互转

因为目前各个公司的 PCB 设计软件不同，也因为产品原理具有独立性，造成对各软件之间原理图转换的需求。本书介绍当前主流设计软件 Altium Designer、PADS 和 OrCAD 之间的原理图互转，供读者参考。

11.10.1　PADS 原理图转换成 Altium Designer 原理图

（1）用 PADS Logic 打开一份需要转换的原理图，执行菜单命令"文件-导出…"，导出一份 ASCII 编码格式的 TXT 文档，如图 11-56 所示。

（2）单击"保存"按钮，会弹出"ASCII 输出"设置对话框，对所有的元素全部选择进行输出，文件版本选择最低版本"PADS Logic 2005"进行输出，如图 11-57 所示。

（3）打开 Altium Designer 17，执行菜单命令"File-Import Wizard"，选择"PADS ASCII Design And Library Files"导入选项，如图 11-58 所示。

图 11-56　PADS 原理图的导出

图 11-57　ASCII 输出设置

图 11-58　原理图转换向导

（4）然后单击"Next"按钮，选择之前导出的 TXT 文档，单击"Next"按钮。

（5）根据向导设置输出文件路径及预览工程文件，如图 11-59 所示。继续单击"Next"按钮，根据向导进行转换，直到转换完成。

图 11-59　设置转换输出文件路径及预览工程文件

（6）转换后的 Altium Designer 原理图如图 11-60 所示。因为软件本身具有兼容性问题，转换过程中可能存在不可预知的错误，因此转换完成后的原理图仅供参考，如果要使用，则须进行检查及确认。

图 11-60　转换后的 Altium Designer 原理图

11.10.2　OrCAD 原理图转换成 Altium Designer 原理图

（1）用 OrCAD 原理图转换成 Altium Designer 原理图时，一般有版本要求，最好是 16.2 及以下版本。用 OrCAD 打开原理图之后，在主菜单上单击鼠标右键，另存为一个 16.2 版本，如图 11-61 所示。

图 11-61　另存为 OrCAD 的低版本

（2）和 PADS 原理图转换步骤一样，打开 Altium Designer 17，执行菜单命令 "File-Import Wizard"，选择 "Orcad and PADS Designs and Libraries Files" 导入选项，如图 11-62 所示。然后单击 "Next" 按钮，选择之前另存的 16.2 版本的 OrCAD 原理图，按照弹出的转换向导进行转换。

（3）在转换过程中，注意转换选项设置，如图 11-63 所示。

① Convert OrCAD Component Rectangles to Altium Designer Rectangles。

② Auto-position Parameters。

图 11-62　原理图转换向导

③ Disable "Mark Manual Parameters"。

④ Strip OrCAD Title Blocks。

⑤ Enable Schematic Title Blocks—Standard。

⑥ Import OrCAD Junctions—All。

图 11-63　转换选项设置

（4）根据向导设置输出文件路径及预览工程文件，如图 11-64 所示。继续单击"Next"按钮，根据向导进行转换，直到转换完成。

（5）转换后的 Altium Designer 原理图如图 11-65 所示。同样，转换存在不可预知的错误，转换完成后的原理图仅供参考，如果要使用，则须检查及确认。对电阻、电容的封装型号按照 BOM 表核对一遍，有时候 OrCAD 中有可选封装类型时，转换过来的封装型号可能会变。

图 11-64　设置转换输出文件路径及预览工程文件

图 11-65　转换后的 Altium Designer 原理图

11.10.3　Altium Designer 原理图转换成 PADS 原理图

1．第一种方法

（1）在程序中找到并打开 PADS 中的"Symbol and Schematic Translator for PADS Logic"（符号和原理图转换器），选择"Protel 99SE / DXP"，如图 11-66 所示。

（2）添加需要转换的 Altium Designer 原理图及设置输出文件路径，单击"转换"按钮，即可根据向导进行原理图的转换，如图 11-67 所示。

（3）根据向导进行转换，直到转换完成，转换后的 PADS 原理图用 PADS Logic 打开即可，如图 11-68 所示。

图 11-66 符号和原理图转换器

图 11-67 添加原理图及设置输出文件路径

图 11-68 根据向导进行转换及转换后的 PADS 原理图

2. 第二种方法

直接打开 PADS Logic，执行菜单命令"文件-导入..."，选择导入"Protel DXP / Altium Designer 2004-2008 原理图文件"，可以直接转换打开，如图 11-69 所示。同样，转换完成之后，请检查并确认原理图。

图 11-69　导入 Altium Designer 原理图

11.10.4　Altium Designer 原理图转换成 OrCAD 原理图

（1）准备需要转换的原理图，利用 Altium Designer（这里建议用 Altium Designer 11.4 版本操作）的新建工程功能新建一个工程，并把需要转换的原理图（可多页原理图）添加到工程中，如图 11-70 所示。

图 11-70　添加到工程中

（2）在工程文件上面单击鼠标右键，选择"Save Project As…"选项，把此工程文件另存为DSN 格式的文件，如图 11-71 所示。在弹出的如图 11-72 所示的对话框中选择箭头所标记的两项，之后单击"OK"按钮。

图 11-71　工程文件另存为

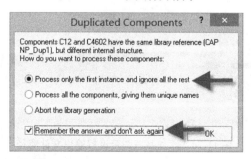

图 11-72　转换设置

（3）上述步骤完成之后，转换基本完成，一般需要采用 OrCAD 11.5 版本打开转换之后的文件。注意：在用低版本打开之前，不要用 OrCAD 其他版本打开这份文件，不然就打不开了，打开后再保存一次，就可以用高版本打开了。

11.10.5　OrCAD 原理图转换成 PADS 原理图

（1）转换原理图之前，一般需要把 OrCAD 原理图的版本降低到 16.2 及以下版本。同 11.10.2 节，用 OrCAD 打开原理图之后，在主菜单上单击鼠标右键，另存为一个 16.2 版本。

（2）在程序中找到并打开 PADS 中的"Symbol and Schematic Translator for PADS Logic"（符号和原理图转换器），选择"OrCAD Capture"，如图 11-73 所示。

图 11-73　符号和原理图转换器

（3）添加需要转换的 OrCAD 原理图及设置输出文件路径，单击"转换"按钮，即可根据向导进行原理图的转换，如图 11-74 所示。

图 11-74　添加原理图及设置输出文件路径

（4）根据向导进行转换，直到转换完成，转换后的 PADS 原理图用 PADS Logic 打开即可。

小助手提示

OrCAD 原理图同样可以用导入功能直接导入到 PADS Logic 中，如图 11-75 所示，执行菜单命令"文件-导入..."，选择导入后缀为.dsn 的文件，可以直接转换打开。

图 11-75　导入 OrCAD 原理图

11.10.6　PADS 原理图转换成 OrCAD 原理图

各软件之间的原理图转换有相互性，如图 11-76 所示。利用各软件之间原理图互转的功能，可以选择先把 PADS 原理图转换成 Altium Designer 原理图，再把 Altium Designer 原理图转换成 OrCAD 原理图（相关方法参照前文）。

图 11-76　各软件之间原理图转换的相互性

11.11　Altium Designer、PADS、Allegro 之间的 PCB 互转

跟原理图一样，因为各个公司的 PCB 设计软件不同，可能需要复制不同软件 PCB 设计里面的元件封装、模块、DDR 走线等元素，这时候不同软件之间的 PCB 转换就有其必要性了。

11.11.1　Allegro PCB 转换成 Altium Designer PCB

（1）转换 PCB 之前，一般需要把 Allegro PCB 的版本降低到 16.3 及以下版本。此处以 Allegro16.6 为例，打开一个 16.6 版本的 PCB，执行菜单命令"File-Export-Downrev Design..."如图 11-77 所示进行选择，导出 16.3 版本。

（2）把所转换之后的 BRD 文件直接拖动到 Altium Designer 中，或者打开 Altium Designer，执行菜单命令"File-Import Wizard"，根据向导，选择"Allegro Design File"导入选项，如图 11-78 所示。然后单击"Next"按钮，把需要转换的 BRD 文件加载进来，单击"Next"按钮，

进行转换。

图 11-77　低版本 Allegro PCB 的导出

图 11-78　Allegro PCB 转换的添加

（3）等待 Allegro PCB 的转换，如图 11-79 所示，一般比较复杂的 PCB 转换的时间会更久一些。一般在转换过程中，不需要设置什么，一切按照向导的默认设置转换即可。

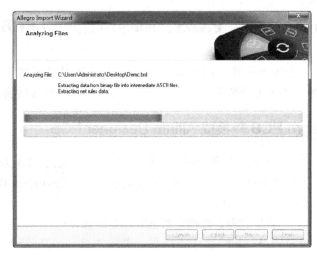

图 11-79　Allegro PCB 的转换

（4）转换完成之后，建议对封装进行一个检查和修整，因为 Allegro 的元件包含很多管脚号的信息和一些机械标注，是以文字或者线条标注的形式添加的，会扰乱我们查看元件的视觉，如图 11-80 所示，一般都集中在机械层。

（5）在转换后的 PCB 中执行菜单命令"Design-Make PCB Library"，生成这个 PCB 的 PCB库，如图 11-81 所示。

图 11-80　转换后的元件封装

图 11-81　生成 PCB 库

（6）在 PCB 库中把多余的元素都删除掉，如图 11-82 所示，然后再检查下封装是否正确，特别注意插件孔的大小是否变化，因为转换的不兼容，有时候很多椭圆形的孔直接变成了圆孔。

图 11-82　删除不必要的封装元素

（7）对封装进行检查和修整之后，在 PCB 封装列表中单击鼠标右键，执行"Update PCB With All"命令，全部更新进入 PCB 中。

小助手提示

只有电脑上面装有 Cadence 软件之后，才能进行这个转换，不然转换不成功，会弹出如图 11-83 所示的提示。

图 11-83　没安装 Cadence 的转换提示

11.11.2　PADS PCB 转换成 Altium Designer PCB

Altium Designer 不能直接打开 PADS PCB，同样需要转换之后才能打开。

（1）用 PADS 打开所需转换的 PCB，执行菜单命令"文件-导出…"，导出 ASC 文件，如图 11-84 中左图所示。

（2）导出设置时，全选所有元素进行输出，选择"PowerPCB V5.0"格式，并且勾选展开属性选项，保存好导出的 ASC 文件，如图 11-84 中右图所示。

图 11-84　ASC 文件的导出

（3）把保存好的 ASC 文件直接拖动到 Altium Designer 中，或者打开 Altium Designer，执行菜单命令"File-Import Wizard"，根据向导，选择"PADS ASCII Design And Library Files"导入选项，如图 11-85 所示。然后单击"Next"按钮，把需要转换的 ASC 文件加载进来，单击"Next"按钮，进行转换。

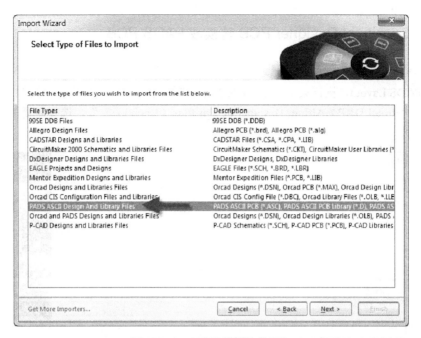

图 11-85　ASC 文件转换的添加

（4）等待数分钟，向导直接完成转换，并提示一个泪滴选项窗口，如图 11-86 所示，这里建把泪滴全部进行移除，单击"OK"按钮，完成转换。之后进行检查，特别是通孔属性的元件焊盘，一定要多检查仔细。

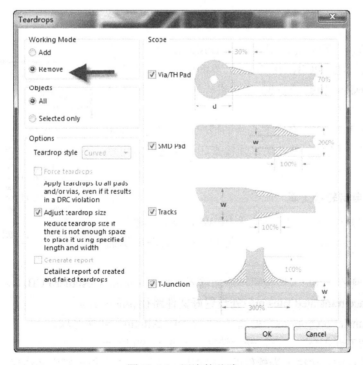

图 11-86　泪滴的移除

11.11.3 Altium Designer PCB 转换成 PADS PCB

1. 直接导入

打开 PADS Layout，执行菜单命令"File-Import"，打开 Import 界面，如图 11-87 所示，选择导入格式"Protel DXP / Altium Designer design files（*.pcbdoc）"，选择需要转换的 PCB，即可开始转换。

图 11-87　PADS Import 界面

若导入不成功，可以先使用 Altium Designer 转换出一个 4.0 的 Protel 版本的 PCB，在 Import 界面中选择导入格式 "Protel 99SE design files（*.pcb）"，进行导入，如图 11-88 所示。

转换之后的 PCB 中会有很多飞线的情况，铜皮也需要重新修整。转换文件仅供参考之用，须检查和修整之后方可使用。

图 11-88　Protel 99SE 文件导入

2. PADS 自带转换工具

（1）如图 11-89 中左图所示，利用 Windows 程序找到 "PADS Layout translator"，进入如图 11-89 中右图所示的界面。

① 单击右侧的"Add…"按钮，添加需要转换的 Altium Designer PCB。

② 在"Place translated files in"处设置好文件路径和库路径。

③ 在"Translation options"处选择 "Protel / Altium"转换选项。

（2）单击"Translate"按钮，开始转换，如图 11-90 所示。

（3）转换过程中，往往因为软件的某些支持格式不一样会提示警告和错误信息，如图 11-91 所示。此类信息可以关注下，做到心中有数，方便转换完之后进行检查及确认。至此，转换已经完成。

图 11-89　PADS Layout Translator 的进入及设置界面

图 11-90　文件转换进度

图 11-91　文件转换提示

在设置的路径处，如图 11-92 所示，找到转换的文件，打开即可。由于软件的不兼容性，转换之后的 PCB 中也会有很多飞线的情况，检查和修整之后即可使用。

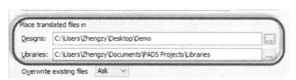

图 11-92　路径设置

11.11.4　Altium Designer PCB 转换成 Allegro PCB

（1）把 Altium Designer PCB 转换成 PADS PCB，并且导出 5.0 版本的 ASC 文件。

（2）打开 Allegro PCB Editor，执行菜单命令 "Import-CAD Translators-PADS"，进入如图 11-93 所示的导入界面。

（3）在导入界面中，导入所需要的 "Demo.asc"，加载 "pads_in.ini" 插件，并设置好输出路径。

图 11-93　转换加载及设置

（4）单击"Translate"按钮，完成转换。转换文件检查校验后可以参考调用。

小助手提示

"pads_in.ini"的路径一般为"C:\Cadence\SPB_16.6\tools\pcb\bin"。

11.11.5　Allegro PCB 转换成 PADS PCB

与前文讲述的 Altium Designer PCB 转换成 PADS PCB 一样，可利用 Import 功能直接导入。在转换之前需要把 Allegro PCB 的版本降低到 16.2 及以下版本。

1. 方法 1

在 PADS 的 Import 界面中，如图 11-94 所示，选择导入格式"Allegro Board files（*.brd）"，选择需要转换的 PCB，即可开始转换。稍微查看一下转换过程中的警告和错误信息，转换完成之后进行详细检查方可使用。

图 11-94　Allegro PCB 的导入

2. 方法 2

如图 11-95 所示，利用各软件之间 PCB 转换的相互性，可以先把 Allegro PCB 转换成 Altium Designer PCB，再把 Altium Designer PCB 转换成 PADS PCB（相关方法参照前文）。

图 11-95　各软件之间 PCB 转换的相互性

11.12　Gerber 文件转换成 PCB

很多时候我们手上拥有光绘文件（Gerber 文件），但是苦于 PCB 源文件没办法拿到，而我们又想看一下 PCB 整板的 3D 效果或者与 Gerber 文件的比对文件。其实，这样的做法无疑是为了抄板时的校准，因为如果想看 Gerber 文件，直接用 CAM350 软件就可以查看每一层或者整个电路板的样子，也会更正确地查看线路的连接。因为格式兼容的问题，转换的 PCB 仅供参考，须检查和修整之后才能使用。

11.12.1　方法 1

3 种软件的 Gerber 文件转换的顺序与步骤都是一样的，不一样的地方就是 3 种软件导出来的 Gerber 文件格式不一样，在不相同的那一步本节会分别列出 3 种软件层信息设置的效果图供大家参考。

（1）打开 Altium Designer，执行菜单命令 "File-New-Project…-PCB Project" 新建一个工程，并且加载或创建一个 CAM Document，如图 11-96 所示。

图 11-96　创建 CAM Document

（2）Gerber 文件的导入有两种方法：一种是执行菜单命令"File-Import-Quick Load..."，这是把每一层的 Gerber 文件和钻孔文件进行快速导入的方法；另一种是先导入 Gerber 文件，再导入钻孔文件，效果是一样的。Gerber 文件的导入如图 11-97 所示，在此导入一个 Allegro 的 4 层板 Gerber 文件。

图 11-97　Gerber 文件的导入

（3）转换过程中会出现 LOG 信息，可以大概浏览下，做到心中有数，方便后续检查。Gerber 文件导入效果图如图 11-98 所示。

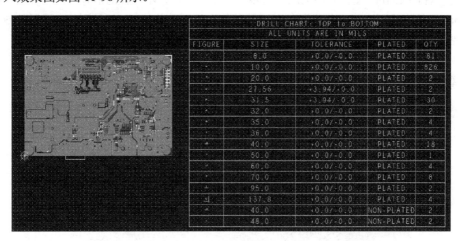

图 11-98　Gerber 文件导入效果图

（4）文件导入之后，需要核对叠层是否对应一致。执行菜单命令"Tables-Layers"，进入如图 11-99 所示的界面，进行叠层的对应，并且更新好信号层的叠层顺序。

为了使读者能更好地识别和设置好叠层对应，以下提供 Allegro、PADS、Altium Designer 3 种软件的 Gerber 文件定义。

图 11-99　叠层对应设置及叠层顺序设置

① Allegro Gerber 文件里各文件的定义如下。

nc_param.txt——参数文件。

ncdrill.tap（ncdrill.drl）——钻带文件。

art_aper.txt——光圈表及光绘格式文件（Aperture and artwork format）。

art_param.txt——光绘参数文件（Aperture parameter text）。

top.art——元件面布线层 Gerber 文件［Top（comp.）side artwork］。

bottom.art——阻焊面布线层 Gerber 文件［Bottom（comp.）side artwork］。

soldermask_top.art——元件面阻焊层 Gerber 文件［Top（solder）side solder mask artwork］。

soldermask_bottom.art——阻焊面阻焊层 Gerber 文件［Bottom（solder）side solder mask artwork］。

pastemask_top.art——表面贴元件面焊接层 Gerber 文件（Top side paste mask artwork）。

pastemask_bottom.art——表面贴阻焊面焊接层 Gerber 文件（Bottom side paste mask）。

silkscreen_top.art——元件面丝印层 Gerber 文件［Top（comp.）side silkscreen artwork］。

silkscreen_bottom.art——阻焊面丝印层 Gerber 文件［Bottom（solder）side silkscreen artwork］。

drill.art——钻孔和尺寸标注文件。

② PADS Gerber 文件里各文件涉及的内容如下。

单面板：Routing（走线层）（top or bottom）、Silkscreen（丝印层）（top and bottom）、Sold Mask（阻焊层）（top or bottom）、Drill Drawing（铅孔参考层）、NC Drill（钻孔层），外加一份 PCB 外形图（包括主要孔和槽）。

双面板：Routing（走线层）（top and bottom）、Silkscreen（丝印层）（top and bottom）、

Sold Mask（阻焊层）（top and bottom）、Drill Drawing（钻孔参考层）、NC Drill（钻孔层），外加一份 PCB 外形图（包括主要孔和槽）。

多层板：Routing（走线层）［top、bottom、inner（内电层，包括 POWER 和 GND）］、Silkscreen（丝印层）（top and bottom）、Sold Mask（阻焊层）（top or bottom）、Drill Drawing（钻孔参考层）、NC Drill（钻孔层），外加一份 PCB 外形图（包括主要孔和槽）。如果做钢网就多加一个 Paste Mask（top or bottom），最后产生 PHO 文件。

③ Altium Designer Gerber 文件里各文件名后缀的定义如下（以双面板为例）。

.GBL——底层走线层（Gerber Bottom Layer）。

.GTL——顶层走线层（Gerber Top Layer）。

.GBS——底层阻焊层（Gerber Bottom Solder Resist）。

.GTS——顶层阻焊层（Gerber Top Solder Resist）。

.GBO——底层丝印层（Gerber Bottom Overlay）。

.GTO——顶层丝印层（Gerber Top Overlay）。

.GKO——禁止布线层（Gerber KeepOut Layer）。

.GM1——机械 1 层（Gerber Mechanical 1）。

.GD1——钻孔参考层（Gerber Drill Drawing）。

.TXT——钻孔层（NC Drill Files）。

通过以上定义，对应设置好叠层顺序和参数即可。

（5）执行菜单命令"Tools-Netlist-Extract"，如图 11-100 所示，进行网表抽取。抽取成功后，可以从软件右下角调取"CAMtastic"进行查看。

图 11-100　网表抽取

（6）如果 Gerber 文件中包含 IPC-D-365（IPC 网表），执行菜单命令"Tools-Netlist-Rename Nets..."，可以对网络进行准确的命名；若没有则不可执行，直接进行下一步。

（7）执行菜单命令"File-Export-Export PCB..."，最后一步转换成 PCB，效果图如图 11-101 所示。至此，Gerber 文件转换 PCB 完成。

图 11-101 Gerber 文件转换成 PCB 效果图

11.12.2 方法 2

因为 Altium Designer 拥有强大的导入功能，可以利用 DXF 文件的导入方法进行 Gerber 文件到 PCB 的转换。

（1）在 CAM350 界面中，执行菜单命令"File-Export-DXF…"，进行导出操作，选择导出所有层，如图 11-102 所示。

图 11-102 DXF 文件的导出

（2）打开 Altium Designer，执行菜单命令"File-New-PCB"，创建一个新的 PCB 文档；执行菜单命令"File-Import-DXF / DWG"，导入之前 CAM350 导出的 DXF 文件，如图 11-103 所示，选择好单位（和 CAM350 导出单位应该相同），在"Layer Mappings"栏下根据前面的层定义说明，选择好叠层匹配，单击"OK"按钮，执行导入即可。

图 11-103　DXF 文件的导入

（3）至此，转换完成，效果图如图 11-104 所示。检查和修整之后方可使用。

图 11-104　DXF 文件转换成 PCB 效果图

11.13　本章小结

Altium Designer 除了常用的基本操作之外，还存在各种各样的高级设计技巧等待我们挖掘，需要的时候我们可以关注它，并学会它，平时在工作中也要善于总结记录，慢慢地对软件会非常熟悉，电子设计的效率也会有很大的提高。

由于篇幅局限，不可能对每个高级技巧都进行讲述，欢迎关注凡亿 PCB，我们的作者会不断地给大家更新各种技巧视频，帮助大家快速进阶。

第12章

入门实例：2层STM32开发板的设计

本章选取一个大学期间或者说入门阶段最常见的 STM32 开发板的实例，通过这个简单 2 层板全流程实战项目的演练，旨在让 Altium Designer 初学者将理论和实践相结合，掌握电子设计的最基本操作技巧及思路，全面提升其实际操作技能和学习积极性。

本 STM32 开发板包含的模块有 MCU、数码管显示、SPI 存储、I2C 存储、CAN 总线电路、485 电路、232 电路、ISP 接口、TFT 接口、蜂鸣器、LED 电路、JTAG 接口、复位电路、电源供电、NRF24L01 等，如图 12-1 所示。

图 12-1　STM32 开发板原图

由于图文表述有限，作者录制相关实战演练视频教程在 PCB 联盟网进行发布，读者也可以直接联系作者进行索要。

![学习目标]

> ➢ 掌握 Altium Designer 17 基本功能操作
> ➢ 了解原理图设计
> ➢ 了解 2 层板 PCB 设计的基本思路及流程化设计
> ➢ 掌握交互式布局及模块化布局
> ➢ 掌握 PCB 快速布线思路及技巧

12.1　设计流程分析

一个完整的电子设计是从无到有的过程，不过设计流程无外乎以下几点。

（1）元件在图纸上的创建。

（2）电气性能的连接。

（3）设计电气图纸在实物电路板上的映射。

（4）电路板实际电路模块的摆放和电气导线的连接。

（5）生产与装配成 PCBA 电路板。

电子设计流程图如图 12-2 所示。

图 12-2　电子设计流程图

12.2　工程的创建

（1）执行菜单命令"File-New-Project…"，创建一个新的 PCB Project（PCB 工程），命名为"STM32 开发板.PrjPcb"，保存到硬盘目录下。

（2）执行菜单命令"File-New-Library-Schematic Library"，创建一个新的元件库，命名为"STM32 开发板.SchLib"。

（3）执行菜单命令"File-New-Schematic"，创建一页新的原理图，命名为"STM32 开发板.SchDoc"。

（4）执行菜单命令"File-New-Library-PCB Library"，创建一个新的 PCB 库，命名为"STM32 开发板.PcbLib"。

（5）执行菜单命令"File-New-PCB"，创建一个新的 PCB，命名为"STM32 开发板.PcbDoc"。

如图 12-3 所示，对整个电子设计中最重要的几个文件都创建好了，把它们都添加到"STM32 开发板"这个工程下面，进行保存，就可以开始进行电子设计了。

图 12-3　电子设计工程中的文件

12.3　元件库的创建

主要把 MCU、数码管显示、SPI 存储、I2C 存储、CAN 总线电路、485 电路、232 电路、ISP 接口、TFT 接口、蜂鸣器、LED 电路、JTAG 接口、复位电路等核心芯片创建出来。下面以 STM32F103C8T6 主控芯片、数码管及 LED 为例进行说明。

12.3.1　STM32F103C8T6 主控芯片的创建

（1）在元件库编辑器界面中，执行菜单命令"Tools-New Component"，创建一个新的元件，命名为"STM32F103C8T6"。

（2）执行菜单命令"Place-Rectangle"，放置一个矩形框，如图 12-4 所示。

图 12-4　放置矩形框

（3）执行菜单命令"Place-Pin"，在放置状态下按"Tab"键，对管脚属性进行设置，如图 12-5 所示，然后执行放置到矩形框的边缘，重复其操作，放置完所有关于此芯片的管脚，如图 12-6 所示。

（4）在元件库面板中双击该元件名称，对所创建的主控芯片的元件属性进行设置，如图 12-7 所示。

① Default Designator：设置为芯片常用位号"U?"。

② Default Comment：填写好芯片的型号值"STM32F103C8T6"。

③ Models：单击"Add…"按钮，添加 PCB 封装模型，命名为"LQFP48"。

图 12-5　管脚属性设置

图 12-6　STM32F103C8T6 管脚的放置

图 12-7　元件属性设置

至此，STM32F103C8T6 主控芯片创建完毕。

12.3.2　数码管的创建

（1）前3步和主控芯片的创建类似，创建一个名称为"LED-4-YANG-36"的元件，放置一个矩形框，并放置完其管脚，如图12-8所示。

（2）执行菜单命令"Place-Line"，在放置状态下按"Tab"键，设置线条属性，在矩形框内绘制"8"的形状组合线条，如图12-9所示。

图12-8　数码管的创建（未完）　　　　　图12-9　绘制"8"的形状组合线条

（3）该数码管是个4位数码管，框选所绘制的"8"，然后复制得到另外3个"8"到矩形框内，并且每个"8"之间注意放置一个"▪"，如图12-10所示。

图12-10　LED-4-YANG-36数码管

（4）在元件库面板中双击该元件名称，设置其元件属性，如图12-11所示，完成数码管的创建。

图12-11　数码管的元件属性设置

12.3.3 LED 的创建

图 12-12 放置三角形

（1）执行菜单命令"Tools-New Component"，创建一个新的元件，命名为"发光二极管"。

（2）执行菜单命令"Place-Polygon"，激活放置多边形命令，放置一个三角形，如图 12-12 所示。

（3）执行菜单命令"Place-Line"，在放置状态下按"Tab"键，按图 12-13 所示设置线条属性，在三角形的右上方放置两个箭头线条，并且在三角形的顶角放置一条竖线，表示是二极管，如图 12-14 所示。

图 12-13 线条属性设置   图 12-14 放置箭头

（4）执行菜单命令"Place-Pin"，在三角形两端各放置一个管脚，然后稍微调整下元件的协调性和美观性，如图 12-15 所示。

（5）在元件库面板中双击该元件名称，设置其元件属性，如图 12-16 所示，完成 LED 的创建。

图 12-15 完成之后的 LED   图 12-16 LED 的元件属性设置

按照上述创建元件的步骤，完成其他元件的创建，如图 12-17 所示。

图 12-17　其他元件的创建

12.4　原理图设计

原理图设计是各个功能模块的原理图组合的结果，通过各个功能模块的组合构成一份完成的产品原理图。模块的原理图设计方法是类似的，这里以数码管模块的原理图设计为例进行详细说明，其他模块类比这个方法就好了。

12.4.1　元件的放置

（1）双击打开创建好的"STM32 开发板.SchDoc"和"STM32 开发板.SchLib"图纸页。

（2）在元件列表中选中需要放置的元件，然后单击"Place"按钮，放置该元件，如图 12-18 所示，继续执行此操作，按照每个功能模块需要用到的元件分开放置好。数码管模块的元件放置如图 12-19 所示。

图 12-18　元件的放置

图 12-19　数码管模块的元件放置

12.4.2　元件的复制和放置

（1）有时候在设计时需要用到多个同类型的元件，这个时候不需要在库里面再执行放置了，可以按住"Shift"键，然后拖动就可以复制了。

（2）如果想多个一起复制，可以选择多种类元件，然后再执行步骤（1）就可以了，可以同时复制多种类型的元件。

（3）根据实际需要放置各类元件，原理图元件的放置讲究同功能模块的在一起及均匀美观。数码管模块的完整元件放置如图 12-20 所示。

图 12-20　数码管模块的完整元件放置

（4）放置好元件之后，请注意电阻、电容、三极管等的 Comment 值的更改。

12.4.3　电气连接的放置

元件放置好之后，需要对元件之间的连接关系进行处理了，这个也是原理图设计重中之重的环节，可能由于一点点连接的失误造成板卡出现短路、开路或者功能无效等问题。

（1）对于元件附件执行连接的元件，执行菜单命令"Place-Wire"，放置电气导线进行连接。

（2）对于远端连接的导线，采取放置网络标号（Net Label）的方式进行电气连接。

（3）对于电源和地，采取放置 Port 的全局连接方式。数码管模块电气连接的放置如图 12-21 所示。

图 12-21　数码管模块电气连接的放置

12.4.4 非电气性能标注的放置

有时候需要对功能模块进行一些标注说明，或者添加特殊元件的说明，从而增强原理图的可读性。可以执行菜单命令"Place-Text String"，放置字符标注，如"数码管显示"，如图12-22所示。

图 12-22　字符标注的放置

按照上述类似的方法，把该开发板的其他功能模块的原理图设计都完成好。

12.4.5 元件位号的重新编号

完成整个产品原理图功能模块的放置和电气连接之后，需要对整体的原理图的元件位号进行重新编号，以满足元件标识的唯一性。

（1）按快捷键"TAA"，进入如图12-23所示的编号编辑对话框，单击"Update Changes List"按钮，进行位号的重新编号。

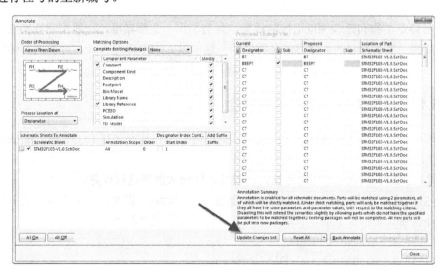

图 12-23　元件位号的重新编号

（2）单击"Accept Changes（Create ECO）"按钮，执行更新到原理图中。

12.4.6　原理图的编译与检查

一份好的原理图，不只是设计完成，同样需要对其进行常规性的检查核对。

（1）在"STM32 开发板.PrjPcb"上单击鼠标右键，选择执行"Project Options"命令，设置常规编译选项，如图 12-24 所示，对需要检查的选项都选择"Fatal Error"错误报告类型。

图 12-24　编译设置

（2）对于编译出来的报告，单击"System-Messages"进行查看，并且进行更新处理。

12.5　PCB 封装的制作

PCB 封装是实物和原理图纸衔接的桥梁。封装制作一定要精准，一般按照规格书的尺寸进行封装的创建。多个封装的创建方法是类似的，这里以 **LQFP48** 这个比较经典的封装为例进行说明。

12.5.1　LQFP48 PCB 封装的创建

（1）可以通过网络找到 STM32F103C8T6 的规格书，并且找到其 **LQFP48** 封装的规格，如图 12-25 所示。

（2）从图 12-25 中获取有用的数据，一般都选取最大值来进行计算。

① 焊盘尺寸：长度=(D-D1) / 2=1mm，宽度=b=0.27mm。但是，实际上做封装的时候会考虑一定的补偿量。根据经验值，长度取值 1.5mm，宽度取值 0.3mm。

② 相邻焊盘中心间距=e=0.5mm。

③ 对边焊盘中心间距=D1+(D-D1) / 2=8mm。

④ 丝印尺寸=D1=E1=7mm。

Dim.	mm			inches(1)		
	Min	Typ	Max	Min	Typ	Max
A			1.60			0.063
A1	0.05		0.15	0.002		0.006
A2	1.35	1.40	1.45	0.053	0.055	0.057
b	0.17	0.22	0.27	0.007	0.009	0.011
C	0.09		0.20	0.004		0.008
D		9.00			0.354	
D1		7.00			0.276	
E		9.00			0.354	
E1		7.00			0.276	
e		0.50			0.020	
θ	0°	3.5°	7°	0°	3.5°	7°
L	0.45	0.60	0.75	0.018	0.024	0.030
L1		1.00			0.039	
	Number of pins					
N	48					

图 12-25　LQFP48 封装的规格

（3）执行菜单命令"Place-Pad"，在放置状态下按"Tab"键，可以设置焊盘属性，如图 12-26 所示。

（4）选中刚刚放置的焊盘，按快捷键"Ctrl+C"，然后单击焊盘的中心，按快捷键"EA"，进入特殊粘贴，选择"Paste Array"，确认封装的方向，确定管脚序号的排序是逆时针，设置好阵列粘贴的参数，如图 12-27 所示，然后再次单击刚才焊盘的中心，可以对芯片一边的焊盘放置好，如图 12-28 所示。

图 12-26　设置焊盘属性　　　　　图 12-27　设置阵列粘贴的参数

（5）选择管脚序号为 12 的焊盘，按快捷键"Ctrl+C"，在原有焊盘上复制一个焊盘，然后按快捷键"M"，选择执行"Move Selection by X, Y..."命令，向右移动 8mm，更改序号为 25，类比于第（4）步，同样复制 12 个焊盘在这一列，如图 12-29 所示。

（6）类比于以上方法，继续放置好另外两排焊盘。

（7）跳转到丝印层，按快捷键"PL"，绘制 7mm×7mm 的丝印框。

图 12-28　第一排焊盘　　　　　　　　　　图 12-29　第二排焊盘

（8）在 1 号管脚处放置一个圆形的丝印，标识为 1 脚，如图 12-30 所示。

图 12-30　完整的 **LQFP48** 封装

（9）按快捷键 "EFC"，把元件原点放置在元件的中心。至此，完成 **LQFP48** 封装的创建。

12.5.2　LQFP48 3D 封装的放置

如果想要给封装放置一个 3D 封装，以便后期可以核对结构，可以在创建封装的环节就放置好 3D 模型。

（1）从 12.5.1 节的规格数据中可以读取此封装的高度=A=1.6mm。

（2）在 PCB 库编辑界面中，执行菜单命令 "Place-Place 3D Body"，在弹出的 3D 模型模式选择及参数设置对话框中，输入高度参数信息，如图 12-31 所示。

（3）沿着管脚中心绘制一个正方形的自动 3D 模型，放置完成之后，可以切换到 3D 模式下看看效果，如图 12-32 所示。

图 12-31　3D 模型模式选择及参数设置对话框

图 12-32　3D 预览

12.6　PCB 设计

12.6.1　元件封装匹配的检查

在进行 PCB 导入时，经常会出现"Footprint Not Found"或者"Unknown Pin"的现象，这些都是封装匹配上的问题，所以有对其进行检查的必要性。

（1）在原理图编辑界面中，执行菜单命令"Tools-Footprint Manager…"，进入封装管理器。

（2）如图 12-33 所示，单击"Current Footprint"，对当前封装进行排序。

图 12-33　无封装名称的元件

（3）空白的地方表示这些元件没有添加封装名称，会造成"Unknown Pin"的出现，需要根据实际需要添加好封装名称。

（4）一一选择当前封装的列表，可以在封装预览区看到匹配封装，如图 12-34 所示，如果在预览区不存在预览封装，则证明此封装的路径或者名称匹配有问题。

图 12-34　封装检查预览

（5）在有匹配问题的封装上双击，进入元件封装的匹配设置，检查是否名称和封装库里面的名称对应上，检查路径是否设置正确，一般封装库在当前工程下的话，选择"Any"就可以匹配上了，如图 12-35 所示。

图 12-35　元件封装的路径匹配

（6）对元件封装进行添加、编辑之后，需要把其变更更新到原理图中，按"Accept Changes（Create ECO）"按钮，进行更新处理。

12.6.2 PCB 的导入

对封装进行完检查之后，就可以对元件进行导入了，实现原理图设计向实物的映射。

（1）在原理图编辑界面中，执行菜单命令"Design-Update PCB Document STM32 开发板.PcbDoc"，进入更新变更列表。

（2）在执行更新时，工程一般会进行编译，如果存在问题的话，会以红色的字体进行警告"Warning：Errors occured during compilation of the project"，如图 12-36 所示。按照提示单击进去查看，并更正后再来执行，如果确认没问题就忽略，单击"Execute Changes"按钮，执行变更。

图 12-36　编译错误警告

（3）在执行变更过程中，"Status"栏出现"✖"时，请进行检查之后再导入一次，直到全部是"✔"为止，即可完成导入。导入状态提示如图 12-37 所示。导入之后的效果图如图 12-38 所示。

图 12-37　导入状态提示

（4）导入之后会出现很多绿色报错，请按照前文提到过的把不必要的 DRC 检查选项取消掉，然后把元件丝印利用全局操作，整体变小放置在元件的中心。

图 12-38 导入之后的效果图

12.6.3 板框的绘制及定位孔的放置

导入 PCB 之后，PCB 默认为 2 层板，因为这个实例是设计成 2 层板的，叠层就不需要设置了，直接按照要求进行板框的绘制。

（1）由于这个板子是开发板设计，我们自定义板框的大小，那怎么进行评估其多大合适呢？可以全选所有的元件，然后利用"Arrange Component Inside Area"命令，排布到一个大概的区域，板框大概刚刚包裹好这些元件的这个尺寸就可以定义为板框的大小，或者在这个基础上根据实际情况进行一定的调整，并取整数板框尺寸就好了，如图 12-39 所示。这里取值为 100mm×100mm。

图 12-39 板框尺寸的评估

（2）把当前层切换到"Mechanical 1"层，按快捷键"EOS"，在空白处设置好原点。

（3）执行菜单命令"Place-Line"，以原点为定点绘制一个 100mm×100mm 的板框线，然后选中这个封闭的板框线，按快捷键"DSD"，重新定义板框。

（4）执行菜单命令"Place-Pad"，激活放置焊盘命令，在放置状态下按"Tab"键，设置焊盘属性为 3mm 的非金属过孔，如图 12-40 所示。

（5）移动这个过孔放置在离板框定点"X：3mm，Y：3mm"的位置，4 个角落都放置一个，如图 12-41 所示，完成定位孔的放置。

图 12-40　过孔属性设置　　　　　　　　图 12-41　定位孔的放置

（6）考虑到是开发板，到时候生产出来就是一个 PCBA 板子，可能尖尖的角会割到手，可以把 4 个角各倒一个半径为 1mm 的圆弧，如图 12-42 所示。

图 12-42　板框的倒圆角

12.6.4　PCB 布局

由前面章节可知，PCB 布局顺序一般可以总结为如图 12-43 所示，这有助于我们利用模块化的思路快速完成 PCB 布局。

图 12-43　PCB 布局顺序

1．放置固定元件

因为是开发板，对固定元件没有要求，但是考虑到其装配和调试的方便性，对固定元件进行了规划，如图 12-44 所示。

（1）对于拔插的接插件，放置在板子的下方，方便顺手拔插。

（2）对于显示部分，放置在上方，方便直观的读取。

（3）对于按键部分，放置在右下角，方便右手进行按键。

规划好固定元件之后，先对应地把相关功能模块的接插件摆放到位，如图 12-45 所示。

图 12-44　固定元件的规划

图 12-45　放置固定元件

2．PCB 交互式与模块化布局

固定元件放置好之后，根据原理图的模块化和与 PCB 的交互，利用"Arrange Components Inside Area"命令，把其相关的模块都摆放在 PCB 板框的边缘，如图 12-46 所示，然后可以把元件的飞线打开，这个时候可以有助于对信号流向的分析整理。

3．先大后小原则

先大后小，先放置主控部分的芯片，再放置体积较大的元件，如图 12-47 所示。

4．局部模块化原则

这个就是根据常用的布局原则进行布局了，可以参考前文的常规布局原则，对每个模块的元件都摆放好，并对齐，尽量整齐美观。

完整的布局如图 12-48 所示。

图 12-46　模块化布局

图 12-47　大元件的摆放

图 12-48　完整的布局

12.6.5　类的创建及 PCB 规则设置

布局完成之后需要对信号进行分类和 PCB 规则设置，一方面可以更加方便对信号的认识和思路的分析；另一方面可以通过软件的规则约束，保证电路设计的性能，如电源线需要加粗的，软件会督促我们进行加粗处理，信号走线不会出现这里粗那里细的现象。

1. 类的创建

（1）按快捷键"DC"，进入类管理器。

（2）在"Net Classes"上单击鼠标右键，创建一个"PWR"类，把属于电源的信号都进行添加，如图 12-49 所示。

图 12-49　类的创建

2．PCB 规则设置

（1）按快捷键"DR"，进入规则约束管理器。

根据生产工艺能力的要求和成本考虑，设置最小间距为 6mil，最小线宽为 6mil，最小过孔大小为 12mil。

（2）间距规则设置："Where The First Object Matches"和"Where The Second Object Matches"都选择适配"All"，间距参数如图 12-50 所示进行设置。

图 12-50　间距规则设置

（3）线宽规则设置：选中"Routing"规则中的"Width"规则，单击鼠标右键，分别创建"AllWidth"规则和"PWR"规则，分别如图 12-51 和图 12-52 所示进行设置，同时注意两个叠加规则的优先级设置，"PWR"规则要优先于"AllWidth"规则。

图 12-51　"AllWidth"规则设置

图 12-52　"PWR"规则设置

（4）过孔规则设置：设置内径大小为 12mil，外径大小为 24mil，如图 12-53 所示。

（5）阻焊规则设置：单边开窗为 2.5mil，如图 12-54 所示。

图 12-53　过孔规则设置　　　　　　　　　　图 12-54　阻焊规则设置

（6）正片敷铜连接规则设置：因为 2 层板只有正片层，所以只需要设置正片敷铜连接规则，按照焊盘采取花焊盘连接、过孔采取十字连接的方式进行设置，如图 12-55 所示。

图 12-55　正片敷铜连接规则设置

（7）差分类的创建和差分规则设置：PCB 上存在一对 USB 差分线，首先需要创建差分类，然后针对这对差分线来设置差分规则。

① 按快捷键"DC"，进入类管理器，选中"Differential Pair Classes"，单击鼠标右键，创建一个"90OM"的差分类。

② 在 PCB 设计交互界面的右下角执行命令"PCB-PCB"，调出 PCB 对象编辑窗口，选择"Differential Pairs Editor"，进入差分对编辑器。

③ 因为 PCB 上只有一个差分对，然后这个差分对的网络还是流水号，选择手工添加，单击"Add"按钮，在"Positive Net"栏中填入"Netu2_5"网络，在"Negative Net"栏中填入"Netu2_6"网络，并更改名称为"USB"，完成差分对的添加，如图 12-56 所示。

④ 选中"90OM"差分类，单击"Rule Wizard"按钮，进入规则向导，设置走线线宽为 6mil、间距为 7mil 的差分规则。

⑤ 设置完成之后，按快捷键"DR"，核查一下差分规则是否匹配上，线宽和间距规则是否满足要求，如图 12-57 所示。

图 12-56 差分对的添加

图 12-57 差分规则的核查

12.6.6 PCB 扇孔及布线

1. PCB 扇孔

扇孔的目的是为了打孔占位和缩短信号的回流路径。在 PCB 布线之前，可以把短线直接先连上，长线进行拉出打孔的操作，对于电源和 GND 过孔都是如此，如图 12-58 所示。同时，请注意关注前文提到过的扇孔要求。

2. PCB 布线的总体原则

（1）遵循模块化布线原则，不要左拉一条右拉一条，用总线走线的概念，如常用到的多条拉线快捷键"TTM"、"PM"。

（2）遵循优先信号走线的原则。

（3）重要、易受干扰或者容易干扰别的信号的走线进行包地处理。

图 12-58 PCB 扇孔

（4）电源主干道加粗走线，根据电流大小来定义走线宽度；信号走线按照设置的线宽规则进行走线。

（5）走线间距不要过近，能满足 3W 原则的尽量做到 3W 原则。

3．晶体的走线

晶体的走线如图 12-59 所示。

（1）布局整体紧凑，一般放置在主控的同一侧，靠近主控 IC。

（2）布局时尽量使电容分支短（目的：减小寄生电容）。

（3）晶振电路一般采用 π 形滤波形式，放置在晶振的前面。

（4）走线采取类差分走线。

（5）晶体走线需加粗处理：8～12mil。晶振按照普通单端阻抗线走线即可。

（6）对信号采取包地处理，每隔 50mil 放置一个屏蔽地过孔。

（7）晶体晶振本体下方所有层原则上不准许走线，特别是关键信号线（晶体晶振为干扰源）。

（8）不准许出现 Stub 线头，防止天线效应，出现额外的干扰。

图 12-59 晶体的走线

4．电源的走线

电源的走线如图 12-60 所示。从原理图中找出电源主干道，对主干道根据电源大小进行敷铜走线和添加过孔，不要出现主干道也像信号线一样只有一条很细的走线。这个可以类比于水管通水流：如果水流入口处太小，那么是无法通过很大的水流的，因为有可能因为水流过大造成爆管的现象；也不能入口的地方大，中间小，这种做法也有可能造成爆管的现象。这类比到电路板就是可能造成电路板烧坏。

图 12-60　电源的走线

所以，遇到电源转换或者电源走线，就得考虑它们的电流大小，根据电流大小来定义线宽大小，一般根据经验值来判定电源走线宽度：20mil 的走线过载 1A 电流，0.5mm 的过孔过载 1A 电流。

5．GND 孔的放置

如图 12-61 所示，根据需要在打孔换层或者易受干扰的地方放置 GND 孔，加强底层敷铜的 GND 的连接。

根据上述这些布线原则和重点注意模块，可以完成其他模块的布线及整体的连通性布线，然后对整板进行大面积的敷铜处理。完成布线的 PCB 如图 12-62 所示。

图 12-61　回流 GND 孔

图 12-62　完成布线的 PCB

12.6.7　走线与敷铜优化

处理完连通性之后，一般需要对走线和敷铜进行优化，一般分为以下几个方面。

（1）走线间距满足 3W 原则。在走线时有时候不注意，走线和走线太近，这样会容易引起走线和走线之间的串扰。处理完连通性之后，可以设置一个针对线与线间距的规则去协助检查，如图 12-63 所示。

（2）减小信号环路面积。如图 12-64 所示，走线经常会包裹一个很大的环路，环路会造成其对外辐射的面积增大，同样吸收辐射的面积也增大，走线优化的时候需要进行优化处理，减小环路面积，这个一般是按快捷键"Shift+S"单层显示之后人工检查。

图 12-63　线与线间距的规则设置

图 12-64　环路面积的检查与优化

（3）修铜。主要是对一些电路瓶颈的地方进行修整，然后还有就是尖岬铜皮的删除，一般通过放置 Cutout 进行删除，如图 12-65 所示。

图 12-65　铜皮的修整

12.7　DRC

DRC 主要是对设置规则的验证，看看设计是否满足规则要求。一般主要是对板子的开路和短路进行检查，特殊要求的话，还可以对走线的线宽、过孔的大小、丝印和丝印之间的间距等进行检查。

（1）按快捷键"TD"，打开 DRC 设置对话框，勾选需要检查的规则项，一般把"Online"和"Batch"都进行打开，如图 12-66 所示。

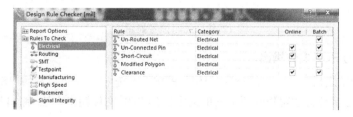

图 12-66　DRC 设置对话框

（2）单击执行"Run Design Rule Check..."命令，进行 DRC。

（3）检查出的问题可以通过执行命令"System-Messages"进行查看，双击 Messages 里面的选项，可以自动跳转到存在问题处，对其进行修正，如图 12-67 所示。

图 12-67　DRC 跳转

（4）修正完毕之后，按快捷键"TDR"，再次进行 DRC，直到所有的检查都通过为止。

12.8　生产输出

12.8.1　丝印位号的调整和装配图的 PDF 文件输出

1. 丝印位号的调整

在后期元件装配时，特别是手工装配元件时，一般都要输出 PCB 的装配图，这时丝印位号就显示出必要性了（生产时 PCB 上丝印位号可以隐藏）。按快捷键"L"，只打开丝印层及其对应的阻焊层，即可对丝印进行调整了。

以下是丝印位号调整遵循的原则及常规推荐尺寸。

（1）丝印位号不上阻焊。

（2）丝印位号清晰，字号推荐字宽／字高尺寸为 4／25mil、5／30mil、6／45mil。

（3）保持方向统一性，一般推荐字母在左或在下，如图 12-68 所示。

图 12-68　丝印位号显示方向

2. 装配图的 PDF 文件输出

丝印位号调整之后，就可以进行装配图的 PDF 文件输出了，可以利用"Smart PDF"功能创建装配图输出，具体方法可以参照前文的装配图的 PDF 文件输出方法，输出效果图如图 12-69 所示。

（a）顶层装配图　　　　　　　　　　　　（b）底层装配图

图 12-69　装配图的 PDF 文件输出效果图

12.8.2　Gerber 文件的输出

（1）执行菜单命令"File-Fabrication Outputs-Gerber Files"，进入"Gerber Setup"界面，如图 12-70 所示，输出单位选择"Inches"，比例格式选择"2∶4"。

图 12-70　输出单位及比例格式选择

（2）"Layers"选项里面，在"Plot Layers"下拉菜单中选择"Used on"选项，表示用到的层进行选择，需要检查一下，不要丢掉层，不需要的层可以取消勾选；在"Mirror Layers"下拉菜单中选择"All off"选项，表示全部关闭；层的输出选择如图 12-71 所示。

（3）Drill Drawing：图 12-72 中标出的两处须勾选所用到的钻孔，如果用到了埋、盲孔，请注意选择，一般选择"Plot all used drill pairs"。

图 12-71　层的输出选择

图 12-72　Drill Drawing 设置

（4）Apertures：默认设置此项，选择"RS274X"格式进行输出，如图 12-73 所示。

图 12-73　Apertures 设置

（5）Advanced：如图 12-74 所示，3 项数值都在后面增加一个"0"，增大数值，防止出现输出面积过小的情况。其他选项采取默认设置即可。

图 12-74　Film Size 扩大设置

（6）Gerber 文件输出效果预览如图 12-75 所示。

图 12-75　Gerber 文件输出效果预览

12.8.3　钻孔文件的输出

设计文件上放置的安装孔和过孔需要通过钻孔文件输出设置进行输出。在 PCB 设计交互界面中，执行菜单命令"File-Fabrication Outputs-NC Drill Files"，进入钻孔文件的输出设置界面，如图 12-76 所示，输出单位选择"Inches"，比例格式选择"2：5"，其他选项采取默认设置即可。

在 PCB 设计阶段，通常在 PCB 的右下角"Drill Drawing"层放置".legend"字符，在输出 Gerber 文件之后，会很详细地看到钻孔的属性及数量等信息，如图 12-77 所示。

图 12-76　钻孔文件的输出设置

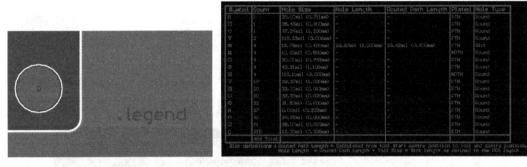

图 12-77　".legend"字符的放置和输出

12.8.4　IPC 网表的输出

如果在提交 Gerber 文件给生产厂家时，同时生成 IPC 网表给厂家核对，那么在制板时就可以检查出一些常规的开路、短路问题，可避免一些损失。

操作步骤为：在 PCB 设计交互界面中，执行菜单命令"File-Fabrication Outputs-Testpoint Report"，进入 IPC 网表的输出设置界面，按照图 12-78 所示进行相关设置，之后输出即可。

图 12-78　IPC 网表的输出设置

12.8.5 贴片坐标文件的输出

制板生产完成之后，后期需要对各个元件进行贴片，这需要用各元件的坐标图。Altium Designer 通常输出 TXT 文档类型的坐标文件。在 PCB 设计交互界面中，执行菜单命令 "File-Assembly Outputs-Generate Pick and Place Files"，进入贴片坐标文件的输出设置界面，选择输出坐标格式和单位，如图 12-79 所示。

图 12-79　贴片坐标文件的输出设置

至此，所有的 Gerber 文件输出完毕，把当前工程目录下输出文件夹中的所有文件进行打包，即可发送到 PCB 加工厂进行加工。Gerber 文件的打包如图 12-80 所示。

图 12-80　Gerber 文件的打包

12.9　本章小结

本章以一个比较基础的 2 层开发板设计为实例进行讲解，让读者回顾前文的所有知识，并结合实际流程来进行实践。在这里，作者也恳请读者不要做知识的灌输者，请自己多动手，练习，练习，再练习。

本章的实例读者可以前往 PCB 联盟网的书籍专区进行下载。

第13章

入门实例：4 层核心板的 PCB 设计

很多读者只会绘制 2 层板，没有接触过 4 层板或者更多层数板的 PCB 设计，这对读者从事电子设计工作是很大的一个门槛。为了契合实际需要，本章介绍一个 4 层核心板的设计实例，以此作为一个引子，让读者对多层板设计有一个概念。

本章的对 4 层核心板的设计流程讲解，突出 2 层板和 4 层板的区别和相同之处。因为原理图设计不管是 2 层还是多层的设计都是一样的，所以不再进行详细讲解，本章主要讲解 PCB 设计。

本章实例文件可以联系作者进行免费索取，同时凡亿 PCB 提供本实例增值全程实战 PCB 设计视频，想更深层次学习的读者可以联系进行购买学习。

 学习目标

> ➤ 了解核心板的设计要求
> ➤ 掌握 PCB 设计常用的设计技巧
> ➤ 熟悉 PCB 设计的整体流程
> ➤ 掌握交互式和模块化快速布局
> ➤ 掌握 BGA 扇孔出线方法、BGA 快速拉线方法
> ➤ 了解菊花链拓扑结构及其设置
> ➤ 掌握蛇形等长走线，掌握 3W 原则的应用
> ➤ 了解常见 EMC 的 PCB 处理方法

13.1 实例简介

核心板是将一个产品核心功能打包封装的一块电子主板。大多数核心板集成了 CPU、存储设备和管脚，通过管脚与配套底板连接在一起从而实现某个领域的功能。人们也常常将这样一套系统称为嵌入式开发平台。因为核心板集成了核心的通用功能，所以它具有一块核心板可以定制各种不同的底板的通用性，这大大提高了单片机的开发效率。因为核心板作为一块独立的模块分离出来，所以降低了开发难度，增强了系统的稳定性和可维护性。

本实例中的核心板带 1 片 SDRAM、1 片 Flash 及电源模块，要求用 4 层板完成 PCB 设计。其他设计要求如下。

（1）尺寸为 45mm×70mm，板厚为 1.2mm。

（2）3mm 定位孔，板框倒角。

（3）满足绝大多数制板厂工艺要求。

（4）走线考虑串扰问题，满足 3W 原则。

（5）接口走线可以自定义。

（6）布局布线考虑信号稳定及 EMC。

13.2　原理图的编译与检查

13.2.1　工程的创建与添加

（1）执行菜单命令"File-New-Project…"，创建一个新的工程，将工程文件"DEMO.PrjPCB"保存到硬盘目录下。

（2）在"DEMO.PrjPCB"工程文件上单击鼠标右键，选择执行"Add Existing to Project…"命令，选择需要添加的原理图和客户提供的 PCB 库文件。

（3）执行菜单命令"File-New-PCB"，创建一个新的 PCB，命名为"DEMO.PcbDoc"，并保存到当前工程中。

13.2.2　原理图编译的设置

在"DEMO.PrjPCB"工程文件上单击鼠标右键，选择执行"Project Options"命令，设置常规编译选项，在"Report Mode"栏中选择报告类型，这里选择"Fatal Error"类型，方便查看错误报告，如图 13-1 所示，设置的时候请一定检查以下常见的检查项。

（1）Duplicate Part Designators：重复的元件位号。

（2）Floating net labels：悬空的网络。

（3）Nets with multiple names：重复命名的网络。

（4）Nets with only one pin：单端网络。

图 13-1　编译设置

13.2.3　编译与检查

编译项设置之后即可对原理图进行编译，执行菜单命令"Project-Compile PCB Project DEMO.PrjPCB"，即可完成原理图编译，如图 13-2 中左图所示。

在界面的右下角，单击"System-Messages"，显示编译报告。双击报告结果，可以自动跳转到原理图相对应的存在问题的地方，将存在的问题记录下来，提交给原理图工程师进行确认并更正，如图 13-2 中右图所示。

图 13-2　编译与编译报告

13.3　封装匹配的检查及 PCB 的导入

在检查之前，可以先进行导入，查看导入的情况，看是否存在封装缺失或者元件管脚不匹配的情况。在原理图编辑界面中，执行菜单命令"Design-Update PCB Document DEMO.PcbDoc"，或者在 PCB 设计交互界面中，执行菜单命令"Design-Import Changes From DEMO.PrjPCB"，进行 PCB 的导入，使用"Execute Changes"按钮可以进行导入操作，如图 13-3 所示。这个时候出现了很多报错提示。

（1）Footprint Not Found C0402：意思是 C0402 的这个封装库没有找到。

（2）Unknown Pin：意思是无法识别的管脚，无法对元件网络进行导入。

图 13-3　PCB 的导入情况

小 助 手 提 示

出现导入错误提示可以通过下面的方式进行编辑，如果导入没问题可以直接跳过，完成 PCB 的导入。

13.3.1 封装匹配的检查

（1）在原理图编辑界面中，执行菜单命令"Tools-Footprint Manager..."，进入封装管理器，可以查看所有元件的封装信息。

（2）确认所有元件都存在封装名称，如果不存在，就会存在元件网络无法导入的问题，如"Unknown Pin"的出现。

（3）确认封装名称和封装库的匹配，如果原理图中的封装名称为"C0402"，封装库中的封装名称为"0402C"，则无法进行匹配，出现"Footprint Not Found C0402"的提示。

（4）如果存在上述现象，可以在封装管理器中检查无封装名称的元件和封装名称不匹配的元件，可以按如图 13-4 所示的步骤进行封装的添加、删除与编辑操作，使其与封装库里面的封装匹配上。多选的情况下可以对其进行批量操作。

图 13-4　封装的添加、删除与编辑

（5）修改或选择完库路径后，单击"OK"按钮，再按"Accept Changes（Create ECO）"按钮，接着按"Execute Changes"按钮，执行更新，如图 13-5 所示。

图 13-5　执行原理图封装匹配更新

13.3.2 PCB 的导入

（1）在原理图编辑界面中，执行菜单命令"Design-Update PCB Document DEMO.PcbDoc"，按照直接导入法，再一次对原理图进行导入 PCB 操作。通过导入执行窗口右边的"Status"可以查看导入状态，"✓"表示导入没问题，"✗"表示导入存在问题，如图 13-6 所示。

图 13-6　PCB 的导入状态

（2）如果存在问题，请进行检查之后再导入一次，直到全部通过，即完成导入。PCB 的导入效果如图 13-7 所示。

图 13-7　PCB 的导入效果

13.4　PCB 推荐参数设置、叠层设置及板框的绘制

13.4.1　PCB 推荐参数设置

（1）导入之后存在绿色的报错，取消不常用的 DRC 检查选项，DRC 检查选项过多导致 PCB

设计布局布线的时候经常卡顿，可以只剩下电气性能的检查选项，如图 13-8 所示。

图 13-8　电气性能检查选项

（2）利用全局操作把元件的位号丝印调小（推荐字高为 10mil，字宽为 2mil），并调整到元件中心，不至于阻碍视线，方便布局布线时识别，如图 13-9 所示。

图 13-9　丝印放置到元件中心

（3）按快捷键"Ctrl+G"，把网格按照如图 13-10 所示的参数进行设置。

图 13-10　网格的设置

13.4.2　PCB 叠层设置

（1）根据设计要求、BGA 出线的"深度"（如图 13-11 所示）、飞线的密度，可以评估需要两个走线层，同时考虑到信号质量，添加单独的 GND（地线）层和 PWR（电源）层来进行设计，所以按照常规叠层"TOP GND02 PWR03 BOTTOM"方式进行叠层。

图 13-11　BGA 出线"深度"

　小助手提示

　　单独的 GND 层和 PWR 层的添加有别于常规的两层板设计，单独的 GND 层可以有效地保证平面的完整性，不会因为元件的摆放把 GND 平面割裂，造成 GND 回流混乱。

　　（2）按快捷键"DK"，进入叠层管理器，通过"Add Layer"和"Add Internal Plane"完成叠层操作。

　　（3）为了方便对层进行命名，可用鼠标单击选中层名称，然后更改为比较容易识别的名称，如 TOP、GND02、PWR03、BOTTOM。

　　（4）为了满足 20H 的要求，一般在叠层的时候让 GND 层内缩 20mil，PWR 层内缩 60mil，如图 13-12 所示，在"Pullback"栏进行设置。一般无特殊要求，设置这两项即可。

　　（5）单击"OK"按钮，完成 4 层板的叠层设置。

图 13-12　叠层设置

13.4.3　板框的绘制及定位孔的放置

　　（1）按照设计要求，板框定义为 45mm×70mm 的矩形，可以通过执行菜单命令"Place-Line"，自绘一个满足尺寸要求的矩形框。

　　（2）选中绘制好的闭合的矩形框，执行菜单命令"Design-Board Shape-Define from selected objects"，或者按快捷键"DSD"定义板框。

（3）执行菜单命令"Place-Dimension-Linear"，在 Mechanical（机械）层放置尺寸标注，单位选择"mm"。

（4）放置层标识符"TOP GND02 PWR03 BOTTOM"，如图 13-13 所示。

（5）在离板边角落 5mm 的位置，放置 4 个 3mm 的非金属化螺钉孔。

图 13-13　板框的绘制及定位孔的放置

13.5　交互式布局及模块化布局

13.5.1　交互式布局

为了达到原理图和 PCB 两两交互，需要在原理图编辑界面和 PCB 设计交互界面都执行菜单命令"Tools-Cross Select Mode"，激活交互模式。

13.5.2　模块化布局

（1）放置好两个接插的座子及按键（客户要求的结构固定元件），根据元件的信号飞线和先大后小的原则，把大元件在板框范围内放置好，完成元件的预布局，如图 13-14 所示。

图 13-14　PCB 的预布局

（2）通过交互式布局和"Arrange Components Inside Area"功能，把元件按照原理图页分块放置，并把其放置到对应大元件或对应功能模块的附近，如图 13-15 所示。

图 13-15　功能模块的分块

13.5.3　布局原则

通过局部的交互式布局和模块化布局完成整体 PCB 布局操作，如图 13-16 所示。布局遵循以下基本原则。

（1）滤波电容靠近 IC 管脚放置，BGA 滤波电容放置在 BGA 背面管脚处。

（2）元件布局呈均匀化特点，疏密得当。

（3）电源模块和其他模块布局有一定的距离，防止干扰。

（4）布局考虑走线就近原则，不能因为布局使走线太长。

（5）布局要整齐美观。

图 13-16　整体 PCB 布局

13.6 类的创建及 PCB 规则设置

13.6.1 类的创建及颜色设置

为了更快对信号区分和归类，按快捷键"DC"，对 PCB 上功能模块的网络进行类的划分，创建多个网络类（此核心板分为以下几类：ADD、D0-D15、GPIO、PWR），并为每个网络类添加好网络，如图 13-17 所示。

当然，为了直观上便于区分，可以对前述网络类设置颜色，执行菜单命令"PCB-PCB-NET"，选择好类，单击鼠标右键，设置网络颜色，如图 13-18 所示。设置完成之后记得打开颜色显示开关，不然设置无效。

图 13-17　网络类的创建

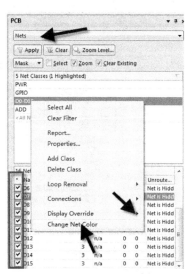

图 13-18　网络颜色设置

13.6.2 PCB 规则设置

1. 间距规则设置

（1）按快捷键"DR"，进入规则约束管理器。

（2）单击鼠标右键，新建间距规则，默认"All"（整板）规则为 4.5mil，"Poly"（铜皮）和其他元素之间的间距要求为 10mil，如图 13-19 所示。

2. 线宽规则设置

（1）根据核心板的工艺要求及设计的阻抗要求，利用 SI900 软件计算一个符合阻抗的线宽值，根据阻抗值填写好线宽规则，如图 13-20 所示。因为 4 层板内电层添加的是负片层，负片层只是用来作 PWR 层或者 GND 层分割之用，所以这里不再显示内电层的走线规则，只单独显示 TOP 层和 BOTTOM 层的走线规则，最大值、最小值、优选值都设置为阻抗线宽 5.5mil。

图 13-19 "All"和"Poly"间距规则

图 13-20 线宽规则设置

（2）创建一个针对 PWR 类的线宽规则，对其网络线宽进行加粗设置，要求最小值为 10mil，最大值为 60mil，优选值为 12mil，如图 13-21 所示。

图 13-21 PWR 类线宽规则设置

3. 过孔规则设置

通过了解 BGA 的 Pitch 间距来设定过孔的大小。此核心板的 BGA Pitch 间距为 0.8mm，可以采用 8 / 16mil 大小的过孔，如图 13-22 所示。

图 13-22　过孔规则设置

4. 阻焊规则设置

常用阻焊规则单边开窗为 2.5mil，如图 13-23 所示。

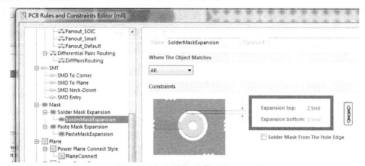

图 13-23　阻焊规则设置

5. 负片连接规则设置

负片连接，对于通孔焊盘，常采用花焊盘连接方式，对于过孔，采用全连接方式，如图 13-24 所示，"Pad Connection" 选择 "Relief Connect"，"Via Connection" 选择 "Direct Connect"。

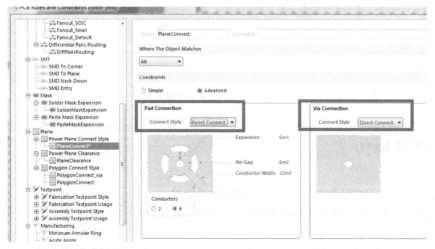

图 13-24　负片连接规则设置

6. 负片反焊盘规则设置

反焊盘一般设置范围为 8~12mil，通常设置为 9mil，不要设置过大或者过小，如图 13-25 所示。

图 13-25　反焊盘规则设置

7. 正片敷铜连接规则设置

正片敷铜连接规则设置和负片连接规则设置是类似的，对于通孔和表贴焊盘，常采用花焊盘连接方式，对于过孔，采用全连接方式，如图 13-26 所示。

图 13-26　正片敷铜连接规则设置

13.7　PCB 扇孔

扇孔的目的是为了打孔占位和缩短信号的回流路径。

（1）执行菜单命令"Route-Auto Route-Fanout-Component"，配置好扇出选项，选择 BGA，完成 BGA 自动扇出。

（2）针对 IC 类、阻容类元件，实行手工元件扇出。元件扇出时有以下要求。

① 过孔不要扇出在焊盘上面。

② 扇出线尽量短，以便减小引线电感。

③ 扇孔注意平面分割问题，过孔间距不要过近造成平面割裂。

BGA、IC 类及阻容类元件扇出效果如图 13-27 所示。

图 13-27　BGA、IC 类及阻容类元件扇出效果

13.8　PCB 的布线操作

布线是 PCB 设计中最重要和最耗时的环节，考虑到核心板的复杂性，自动布线无法满足 EMC 等要求，本实例中全部采用手工。布线应该大体遵循以下基本原则。

（1）按照阻抗要求进行走线，单端 50 欧姆，差分 100 欧姆，USB 差分 90 欧姆（本实例差分布线）。

（2）满足走线拓扑结构。

（3）满足 3W 原则，有效防止串扰。

（4）电源线和地线进行加粗处理，满足载流。

（5）晶振表层走线不能打孔，高速线打孔换层处尽量增加回流地过孔。

（6）电源线和其他信号线间留有一定的间距，防止纹波干扰。

13.8.1　对接座子布线

因为对接座子是核心板和底板进行连接的窗口，走线的网络可以进行调整，只需要底板和核心板的网络对接上即可。因为考虑到核心板比较密集，可以根据 BGA 出线的情况自定义核心板对接座子的网络。

（1）考虑走线信号的一致性，尽量让同网络类里面的网络同层并同方向出线。通过调整 BGA 过孔位置和扇孔方向，优先把 BGA 里面的飞线按照顺序拉出，如图 13-28 所示。

（2）可以把 BGA 里面拉出来的走线和座子的每个管脚一一对应，不用管连接顺序，如图 13-29 所示，等到后期再调整顺序即可。通过这种方式，把 BGA 到座子的所有网络都对应好，检查不要遗漏。

图 13-28　BGA 的出线

图 13-29　走线和座子的对应

（3）根据 BGA 出线的网络，把座子焊盘的网络更改为与其对应的网络，完成管脚的调换并完成走线，如图 13-30 所示。

图 13-30　调整之后的走线和座子线序

13.8.2　SDRAM、Flash 的布线

1. 布局要求

对于本核心板，SDRAM 和 Flash 采用菊花链结构，信号先通过 SDRAM，然后由 SDRAM 到 Flash，如图 13-31 所示。

图 13-31　SDRAM、Flash 的布局要求

电阻、电容应该靠近管脚进行放置，考虑其滤波效果，如图 13-32 所示。

图 13-32　滤波电容的放置

2．布线要求

（1）特性阻抗：50 欧姆。

（2）数据线每 9 条尽量走在同一层（D0～D7，LDQM；D8～D15，HDQM）。

（3）信号线的间距满足 3W 原则。

（4）数据线、地址（控制）线、时钟线之间的距离保持 20mil 以上或至少 3W，在空间允许的情况下，应该在它们的走线之间加一条地线进行隔离。

（5）地线宽度推荐为 15～30mil。

（6）有完整的参考平面。

（7）考虑时序匹配，请进行蛇形等长，所有的走线一起等长，等长误差为±50mil。

SDRAM、Flash 走线效果图如图 13-33 所示。

图 13-33 SDRAM、Flash 走线效果图

13.8.3 电源处理

电源处理之前需要先认识清楚哪些是核心电源、哪些是小电源，根据走线情况和核心电源的分布规划好电源的走线。

（1）根据走线情况，能在信号层处理的电源可以优先处理，同时考虑到走线的空间有限，有些核心电源需要通过电源平面层进行分割，根据前文提到过的平面分割技巧进行分割，核心电源 DP1V2 及 DP1V2_PLL 可以通过 PWR03 层进行平面分割，一般按照 20mil 的宽度过载 1A 电流、0.5mm 过孔过载 1A 电流设计（考虑余量）。例如，3A 的电流大小，考虑走线宽度 60mil，过孔如果是 0.5mm 大小的，则放置 3 个，如果是 0.25mm 大小的，则放置 6 个，这是根据经验值得出来的。具体计算电流的方法可以参考专业计算工具。核心电源的处理如图 13-34 所示。

图 13-34 核心电源的处理

（2）平面分割需要充分考虑走线是否存在跨分割的现象，如果跨分割现象严重，会引起走线的阻抗突变，引入不必要的串扰。尽量使重要的走线包含在当前的电源平面中。如图 13-35 所示，圆圈标记的地方都是存在跨分割的走线，因为考虑到实际情况和成本需求，对一些不是

很重要的走线跨分割在通常的设计中是可以接受的。

图 13-35　电源平面分割

13.9　PCB 设计后期处理

处理完连通性和电源之后，需要对整板的情况进行走线优化调整，以充分满足各类 EMC 等要求。

13.9.1　3W 原则

为了减少线间串扰，应保证线间距足够大，当线中心距不少于 3 倍线宽时，则可保证 70%的线间电场不互相干扰，这称为 3W 原则。如图 13-36 所示，修线后期需要对此进行优化修整。

图 13-36　3W 原则优化

13.9.2　修减环路面积

电流的大小与磁通量成正比，较小的环路中通过的磁通量也较小，因此感应出的电流也较小，这就说明环路面积必须最小。如图 13-37 所示，尽量在出现环路的地方让其面积做到最小。

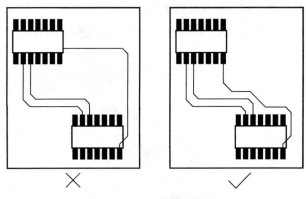

图 13-37　修减环路面积

13.9.3　孤铜及尖岬铜皮的修整

为了满足生产的要求，PCB 设计中不应出现孤铜。如图 13-38 所示，可以通过设置敷铜方式避免出现孤铜。如果出现了，请按照前文提到过的去孤铜的方法进行移除。

图 13-38　移除孤铜的设置

为了满足信号要求（不出现天线效应）及生产要求等，PCB 设计中应尽量避免出现狭长的尖岬铜皮。如图 13-39 所示，可以通过放置 Cutout 删除尖岬铜皮。

图 13-39　尖岬铜皮的删除

13.9.4　回流地过孔的放置

信号最终回流的目的地是地平面，为了缩短回流路径，在一些空白的地方或打孔换层的走线附近放置地过孔，特别是在高速线旁边，可以有效地对一些干扰进行吸收，也有利于缩短信号的回流路径，如图 13-40 所示。

图 13-40　回流地过孔的放置

这之后的丝印位号的调整、DRC 与生产输出的内容可参考第 10 章或 12.8 节，这里不再详细讲解。

13.10　本章小结

本章还是一个入门级别的实例，不过不再是 2 层板，而是一个 4 层板。这是一个高速 PCB 设计的入门实例，同样是以实际流程进行讲解，可以进一步加深读者对设计流程的把握，同时开始接触高速 PCB 设计的知识，为 PCB 技术的提高打下良好的基础，为迎接实际工作做好准备。

第14章

进阶实例：RK3288 平板电脑的设计

理论是实践的基础，实践是理论检验的标准。本章通过一个 RK3288 平板电脑设计实例回顾前文的内容，让读者更加充分了解并吸收设计中具体的设计流程要点、重点、难点及相关注意事项。

考虑到实际练习的需要，本章所详述的实例文件可以联系作者免费索取。因为篇幅的限制及内容的安排，这部分内容采取增值视频教程的方式，供广大读者学习。视频中将对整个 PCB 设计过程进行全程实战演练，使读者充分掌握设计的规则设置、布局布线、电源设计、DDR 设计、EMC / EMI 等要点和难点。进阶这部分的读者可以联系凡亿 PCB 进行购买学习。

 学习目标

➤ 了解平板电脑的设计总体要求
➤ 通过实践与理论相结合，熟练掌握电子设计的各个流程环节
➤ 掌握 MID 各个模块的设计要点
➤ 掌握模块化布局思路及要点
➤ 掌握电源设计及平面分割
➤ 掌握 DDR 的设计思路及方法
➤ 掌握对 MID 设计的 QA 要点及方法

14.1 实例简介

RK3288 是一颗适用于高端平板电脑、笔记本电脑、智能监控器的高性能应用处理器，集成了包括 Neon 和 FPU 协处理器在内的四核 Cortex-A17 处理器，共享 1MB 二级缓存。双通道 64 位 DDR3 / LPDDR2 / LPDDR3 控制器，提供高性能和高分辨率的应用程序所需要的内存带宽。超过 32 位的地址位，可以支持高达 8GB 的存取空间。同时，芯片内嵌的最新一代和最强大的 GPU（Mali-T764）能顺利支持高分辨率（3840X2160）显示和主流游戏。RK3288 支持 OpenVG1.1、OpenGL 的 ES1.1 / 2.0 / 3.0、OpenCL1.1、RenderScript 及 DirectX11 等，在 3D 效果方面相对同类产品有较大的提升。

RK3288 还支持全部主流视频格式解码，支持 H.265 和 4K×2K 分辨率视频解码。它具有多种高性能的接口，使显示输出方案变得非常灵活，如双通道 LVDS、双通道 MIPI-DSI、eDP1.1、HDMI2.0 等，并支持具有 1300 万像素、ISP 处理能力的双通道 MIPI-CSI2 接口。

14.1.1 MID 功能框图

MID 功能框图如图 14-1 所示。

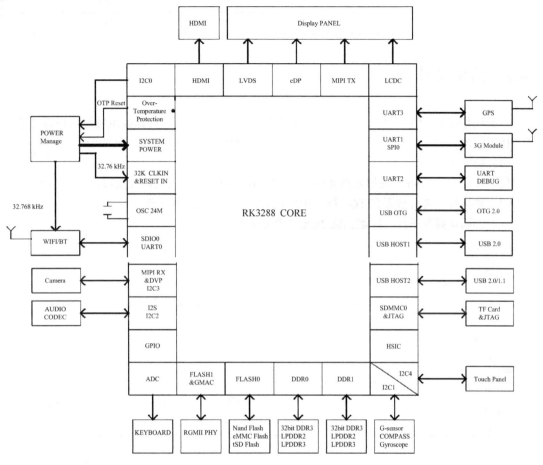

图 14-1 MID 功能框图

14.1.2 MID 功能规格

MID 功能规格如表 14-1 所示。

表 14-1 MID 功能规格

序　号	功 能 规 格	备　注
1	CPU	RK3288
2	PMU	RC5T619
3	USB	USB OTG
4	Memory	LPDDR2 / NAND Flash / EMMC
5	G-sensor / Gyroscope	/
6	TF / SD Card	/
7	Audio / Earphone / MIC / Speaker	ALC5616

序　　号	功 能 规 格	备　　注
8	CIF Camera / MIPI Camera	/
9	LCD	EDP
10	WIFI / BT	AP6476

14.2　结构设计

产品规划阶段推荐选择能在主控下方摆放电容的结构设计，这样滤波电容可以很好地进行滤波作用。此实例采用 L 形板型进行设计，如图 14-2 所示，并对其相关参数进行了要求。

（1）板厚 1.2mm。

（2）顶层限高 8mm，底层限高 0.6mm，USB 及二级接口采用沉板式接口。

（3）接插件大部分放置在 TOP 层，BOTTOM 层可放 0402 等元件。

（4）为阻止螺丝干涉，螺丝孔位 2mm 内禁止布局元件。

图 14-2　MID L 形板型结构

14.3　叠层结构及阻抗控制

为了保证产品的性能和稳定性，PCB 设计部分相当关键。

为了保证 RK3288 有更高的表现性能，推荐使用 6 层及以上的 PCB 叠层结构设计。铜箔厚度建议采用 1OZ（盎司），以改善 PCB 的散热性能。

14.3.1 叠层结构的选择

如图 14-3 所示，此处列出 1.2mm 的常用叠层结构。一般来说，考虑到信号屏蔽等因素，优先选择方案一，同时考虑到走线难度问题，也可以选择方案二作为叠层结构。

Finished Thickness(mm):1.2±0.12　方案一
AccountThickness(mm):1.08
LAYER STACKING

TOP	SIN	0.7	0.5OZ +Plating
	PP	3.80	
GND02	GND	1.5	1OZ
	Core	8.00	
ART03	SIN	1.5	1OZ
	PP	—	
PWR04	PWR	1.5	1OZ
	Core	8.00	
GND05	GND	1.5	1OZ
	PP	3.80	
BOTTOM	SIN	0.7	0.5OZ +Plating

Finished Thickness(mm):1.2±0.12　方案二
AccountThickness(mm):1.14
LAYER STACKING

TOP	SIN	0.7	0.5OZ +Plating
	PP	3.80	
GND02	GND	1.5	1OZ
	Core	8.00	
ART03	SIN	1.5	1OZ
	PP	—	
ART04	SIN	1.5	1OZ
	Core	8.00	
PWR05	SIN	1.5	1OZ
	PP	3.80	
BOTTOM	SIN	0.7	0.5OZ +Plating

图 14-3　常用 6 层叠层结构

小助手提示

方案一为了避免破坏平衡造成板子压合翘曲，尽量敷铜，或减小 PWR04 敷铜面积，使其对称平衡。

14.3.2 阻抗控制

一般来说，MID 设计当中存在几种阻抗控制要求。

（1）单端信号走线控制 50 欧姆阻抗。

（2）WIFI 天线，隔层参考 50 欧姆阻抗。

（3）HDMI、LVDS 等差分走线控制 100 欧姆阻抗。

（4）USB、USB HUB 等差分走线控制 90 欧姆阻抗。

综合前文阻抗计算方法及叠层要求，进行如下阻抗设计。

（1）方案一，采用 TOP GND02 ART03 PWR04 GND05 BOTTOM 叠层结构，阻抗设计要求如表 14-2 所示。

表 14-2　方案一叠层阻抗设计要求

Single Impedance				
Layer	Width（mil）	Impedance（ohm）	Precision	Ref. layer
L1 / L6	4.5	50	±10%	L2 / 5
L3	4.0	50	±10%	L2 / 4
L1	15.75	50	±10%	L3
Differential Impedance				
L1 / L6	5.0 / 7.0	90	±10%	L2 / 5
L3	5.0 / 5.0	90	±10%	L2 / 4
L1 / L6	4.5 / 5.5	100	±10%	L2 / 5
L3	4.0 / 14.0	100	±10%	L2 / 4

（2）方案二，采用 TOP GND02 ART03 ART04 PWR05 BOTTOM 叠层结构，阻抗设计要求如表 14-3 所示。

表 14-3　方案二叠层阻抗设计要求

Single Impedance				
Layer	Width（mil）	Impedance（ohm）	Precision	Ref. layer
L1 / L6	4.5	50	±10%	L2 / 5
L3 / L4	4.0	50	±10%	L2 / 4
L1	15.75	50	±10%	L3
Differential Impedance				
L1 / L6	5.0 / 7.0	90	±10%	L2 / 5
L3 / L4	5.0 / 5.0	90	±10%	L2 / 4
L1 / L6	4.5 / 5.5	100	±10%	L2 / 5
L3 / L4	4.0 / 14.0	100	±10%	L2 / 4

14.4　设计要求

14.4.1　走线线宽及过孔

根据生产及设计难度，推荐过孔全局 8 / 16mil，BGA 区域最小 8 / 14mil，走线线宽为 4mil 及以上。

14.4.2　3W 原则

为了抑制电磁辐射，走线间尽量遵循 3W 原则，即线与线之间保持 3 倍线宽的距离，差分线 Gap 间距满足 4W，如图 14-4 所示。

GAP=两线边距≥4W

走线中心距≥3W

图 14-4　走线间距要求

14.4.3　20H 原则

为了抑制电源辐射，PWR 层尽量遵循 20H 原则，如图 14-5 所示。不过一般按照经验值，GND 层相对板框内缩 20mil，PWR 层相对板框内缩 60mil，也就是说 PWR 层相对 GND 层内缩 40mil。在内缩的距离里面隔 150mil 左右放置一圈地过孔。

图 14-5　20H 原则及屏蔽地过孔的放置

14.4.4 元件布局的规划

TOP 层或 BOTTOM 层主要用来摆放主要元件及信号走线，如 CPU、LPDDR2、PMU、WIFI 等；BOTTOM 层或 TOP 层主要用来摆放滤波电容等小元件，如果结构允许，也可摆放大元件，考虑到此实例限高 0.6mm，只考虑放置 0402 的电阻、电容，其他元件都放在正面。

14.4.5 屏蔽罩的规划

TOP 层加屏蔽罩，降低 EMI 及提高产品的可靠性；同时，可以利用屏蔽罩作为主控的散热器，提高整机的散热效果。此板计划添加 3 个屏蔽罩，如图 14-6 所示。

（1）主控核心模块。

（2）电源及 PMU 模块。

（3）WIFI / BT 模块。

图 14-6 屏蔽罩的规划

14.4.6 敷铜完整性

敷铜完整性的要求如图 14-7 所示。设计上保证主控下方敷铜的完整性及连续性，能够提供良好的信号回流路径，改善信号传输质量，提高产品的稳定性，同时也可以改善铜皮的散热性能。

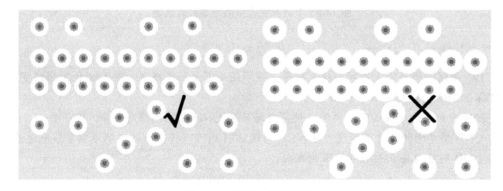

图 14-7 敷铜完整性的要求

14.4.7 散热处理

1. 热源

RK3288 的机器上，CPU 为发热量最大的元件，所有的散热处理都以 RK3288 为主要对象。除 RK3288 外，其他主要发热元件有 PMU、充电 IC 及所用电感、背光 IC。另外，大电流的电源走线（如 DC 5V 到充电 IC 走线、电池到 PMU 的 VCC_SYS 走线）也对整机发热有影响。

2. 散热处理方法

（1）布线时，需注意不要将热源堆积在一起，适当分散开来；大电流的电源走线尽量短、宽。

（2）根据热量的辐射扩散特性，CPU 使用散热片时，最好以热源为中心，使用正方形或者圆形散热片，一定要避免长条形的散热片。散热片的散热效果并不与其面积大小成倍数关系。

（3）MID PCB 可以考虑采用如下方法增强散热。

① 单板发热元件焊盘底部打过孔，开窗散热。

② 在单板表面敷连续的铜皮。

③ 增加单板含铜量（使用 1OZ 表面铜厚）。

④ 在 CPU 顶面及 CPU 对应区域的 PCB 正下方贴导热片，将 CPU 的热量散到后盖或 LCD 屏上。不过，不建议采用把 CPU 的热量散到 LCD 屏上的方法，需要折中考量，这种处理方法可以大幅度降低 CPU 本身的温度。对于有金属后盖的机器，最好将 CPU 的热量通过导热硅胶导至后盖。

散热处理方法目前选择比较多，建议对不同方法进行比较验证，找到适合自己机器的散热处理方法。

14.4.8 后期处理要求

（1）关键信号需要增加丝印说明，如电池焊盘管脚、接插件的脚序等。

（2）芯片第 1 脚需要有明显的标注，且标注不能重叠或者隐藏在元件本体下。

（3）确认方向元件 1 脚位置是否正确。

（4）接插件焊接脚位添加文字标注，方便后期调试。

14.5 模块化设计

14.5.1 CPU 的设计

1. 电容的放置

CPU 电源布线时都需要一些电容。滤波电容（也作旁路电容）放置在距离电源较近的位置。用于 bypass 电源位置引入的高频信号，如果不加旁路电容，高频干扰可能从电源部分引入芯片的内部。退耦电容对于在数字电路高速切换时起到缓冲电压变化的作用。一般来说，大电容放置在主控芯片背面（或就近），以保证电源纹波在 100mV 以内，避免在大负载情况下引起电源纹波偏大。

此实例由于结构限制，小电容靠近 CPU 背面进行放置，大电容就近放置在 CPU 周围及路径上，如图 14-8 所示。

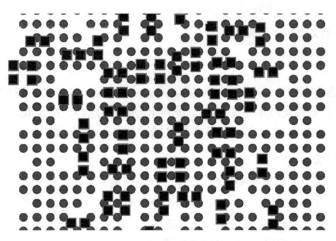

图 14-8　滤波电容的放置

2. 电源供电的设计

电源供电的设计至关重要，直接影响产品的性能及稳定性，请严格按 RK3288 电流参数要求进行设计。VDD_CPU、VDD_GPU 及 VDD_LOG 主要为主控供电，峰值电流分别可达 3.6A。从 PMU 的电源输出到主控相应电源管脚之间保证有大面积的电源敷铜，一般过载通道为 3～5mm，承载过孔设置为 0.3（孔）/ 0.5mm（盘），数量为 8～14 个，可提高过电流能力，并降低线路阻抗，如图 14-9 所示。

图 14-9　供电面积及承载过孔

小助手提示

1）走线宽度的计算

PCB 走线允许的最大电流的经验计算公式为

$$I = KT^{0.44} A^{0.75}$$

式中，K 为修正系数，一般敷铜在外层取 0.048，敷铜在内层取 0.024；T 为允许的最大温升，单位为℃（摄氏度）；A 为敷铜的截面积，单位为 mil^2（注意：是 mil^2，不是 mm^2）；I 为允许的最大电流，单位为 A（安培）。

以 RK3288 的 VDD_CPU 电源为例，峰值电流达到 5A，假设电源走内层，铜厚为 0.8mil（0.5OZ），允许的最大温升为 10℃，那么 PCB 走线需要 314.5mil。如果要进一步降低 PCB 电源走线的温升，就必须加大敷铜宽度。所以，如果 PCB 空间足够，建议尽量采用更宽的敷铜，以降低温升。

2）电源换层过孔数量的计算

计算一个过孔能通过多大电流，也可以利用上述公式。过孔的铜皮宽度计算公式为：$L=\pi R$。这里的 R 指过孔的半径。

以 0.2mm 孔径的过孔为例，铜皮厚度为 0.8mil（0.5OZ），允许的最大温升为 10℃，那么一个过孔约可通过 420mA 电流，想通过 5A 的电流至少需要 13 个 0.2mm 孔径的过孔。在面积有限的情况下，增大电源过孔的孔径可减少过孔数量。

3. FB 反馈设计

CPU_VDD_COM 与 GPU_VDD_COM 反馈补偿设计，可弥补线路的电压损耗及提高电源动态调整及时性。如图 14-10 所示，图中点亮的走线即为 VDD_GPU 反馈补偿线，此补偿线另一端连接到电源输出 DC / DC 的 FB 端。走线需与 PWR 层并行走线，且不能被数据线干扰，否则有可能受其他信号串扰导致电压不稳定及振荡。走线宽度一般没有很大的要求，设置到 10～15mil 即可，不用太宽。

4. 晶振的设计

晶振是一个干扰源，本体表层及第二层禁止其他网络走线，并注意在晶振管脚及负载电容处多打地过孔。

晶振走线应尽量短，尽量不要打孔换层，走线和元件同面，并且采用 π 形滤波方式，如图 14-11 所示。

图 14-10　CPU 电源的反馈走线　　　　图 14-11　晶振的走线

5. 其他设计

在主控下方的地过孔需要足够多，如图 14-12 所示，尽可能地多打，均匀放置并交叉连接，以改善电源质量，提高散热性，并提高系统的稳定性。电源信号也可以采用这种方式加大载流及散热。

图 14-12　CPU 地及电源的连接方式

14.5.2 PMU 模块的设计

1. RC5T619 电源模块的划分

电源管理单元（PMU）是由传统分立的若干 DC / DC 及 LDO 组合而成的，这样可实现更高的电源转换效率、更低的功耗及更少的组件数，以适应缩小的板级空间。

设计的时候，可以按照分立的思维把 PMU 模块化，参考电源二叉树（如图 14-13 所示），明确输入及输出，对应 PCB 封装的管脚，这样就可以很清楚地知道哪些是主干道从而需要加粗敷铜来处理；同时，可以根据二叉树的电流参数并结合前文提到的敷铜宽度计算来很好地完成 PCB 的敷铜操作。

图 14-13　PMU 的电源二叉树

2．RC5T619 的设计

跟所有的 DC / DC 设计一样，一般进行设计之前，需要找到它的 Datasheet，这样可以更方便、更好地设计好电源。

（1）保证输入、输出电容地尽量靠近芯片地，如图 14-14 所示，输入、输出电容的接地端需要根据供电电流的大小打相对应数量的过孔到主地上。

图 14-14　PMU 的处理

（2）RC5T619 中有两个采样电阻。一个采样电阻是充电电流采样电阻 R11，如图 14-15 所示，在 PCB 走线时需要从采样电阻 R11 的两端差分走线到 C4 与 C5 两个焊盘上，如图 14-16 中标记线所示，特别注意 C5 不能直接跟 A5 接在一起，否则会出现充电电流偏小的现象。

另一个采样电阻是电池端的电流采样电阻 R17，如图 14-17 所示，布线时请务必将 R18 靠近 R17，R18 不直接与地连接，用 Keepout 隔开敷铜后单独拉线到 R17 焊盘上，ICP、ICM 再差分走线到 E3、D3 两个焊盘上，如图 14-18 所示。

图 14-15　充电电流采样电阻

图 14-16　采样电阻 R11 差分走线

图 14-17　电池端的电流采样电阻

图 14-18　采样电阻 R17 差分走线

（3）进行 32.768kHz 晶振包地处理，第二层参考地平面，本体下尽量不要走其他数据线，以免对时钟造成干扰，并且走线越短越好，如图 14-19 所示。

图 14-19　32.768kHz 晶振包地处理

14.5.3　存储器 LPDDR2 的设计

LPDDR2（Low Power Double Data Rate2）的含义为低电压的 DDR 二代内存。在工作电压仅为 1.2V 的环境下，LPDDR2（1066）与 DDR3（1066）具有同等的带宽，而 DDR3 的工作电压为 1.5V，所以 LPDDR2 可以在更低的电压下达到 DDR3 的性能，相比 DDR3 可以降低 50% 以上的功耗，提高待机能力。

1. 信号分类

可以对此实例的双通道 LPDDR2 的信号进行大致分类，如表 14-4 所示。

表 14-4　LPDDR2 的信号分类

类　别	状　态	数　量	备　注
数据线	GA：D0～D7、DQM0、DQS0P、DQS0M	11	DQS 为差分线
	GB：D8～D15、DQM1、DQS1P、DQS1M	11	
	GC：D16～D23、DQM2、DQS2P、DQS2M	11	
	GD：D24～D31、DQM3、DQS3P、DQS3M	11	
地址线	GE：ADDR0～ADDR14	15	/
控制线	GF：WE / CAS / RAS / CS0 / CS1 / CKE0 / CKE1 / ODT0 / ODT1 / BA0 / BA1 / BA2	/	/
时钟线	GH：CLK、CLKN	/	时钟线为差分线
电源 / 地	GI：VCC_DDR、VREF / GND	/	/

小助手提示

（1）地址线、控制线与时钟线归为一组，是因为地址线和控制线在 CLK 的下降沿由 DDR 控制器输出，DDR 颗粒在 CLK 的上升沿锁存地址线、控制线总线上的状态，所以需要严格控制 CLK 与地址线、控制线之间的时序关系，确保 DDR 颗粒能够获得足够的、最佳的建立 / 保持时间。

（2）地址线、控制线不允许相互之间进行调换。

（3）LPDDR2 通道 0 的 GA 不能进行组内调换及组间调换，要求一一对应连接到颗粒的 A 或 B 通道的 D0～D7，其余数据线（GB、GC、GD）可以进行组内调换（如 DDR0_D8～D15 随意调换顺序），或者进行组间调换（如 GB 与 GC 整组进行调换）；通道 1 的所有组可以根据实际需要进行组内调换或组间调换，如图 14-20 所示。

图 14-20　LPDDR2 的信号调换情况说明

2．阻抗控制要求

数据线、地址线及控制线，单端走线控制 50 欧姆阻抗，DQS 差分线和时钟差分线需要控制 100 欧姆差分阻抗。具体的走线线宽与间距可以参考阻抗叠层章节。

3．LPDDR2 的布局

本实例中 DDR 为双通道 LPDDR2，不存在 T 点或 Fly-by 拓扑结构，直接采用点对点的布局方式，并预留有等长的空间，不宜过近或过远，关于 CPU 中心对齐。LPDDR2 滤波电容要靠近 IC 管脚摆放，可以考虑放到 IC 背面。RK3288 和 DDR 颗粒的每个 VCC_DDR 管脚尽量在芯片背面放置一个退耦电容，而且过孔应该紧挨着管脚放置，以避免增大导线的电感。LPDDR2 的布局如图 14-21 所示。

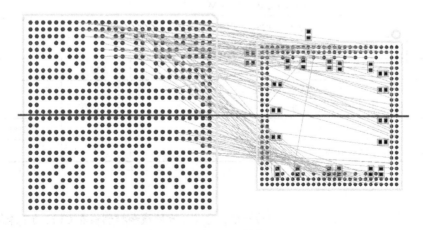

图 14-21　LPDDR2 的布局

4．LPDDR2 的布线

（1）同组同层：为了尽量保证信号的一致性，数据线尽量做到同组同层，如 GA 组 11 条信号线走在同一层，GB 组 11 条信号线走在同一层；地址线、控制线没有这个要求。

（2）3W 原则：为了尽量减少串扰的产生，信号线之间满足 3W 原则，特别是数据线之间；组与组之间满足 3W 及以上间距；差分线与信号线间距满足 3W 及以上间距；差分 Gap 间距满足 3W 及以上间距，同时振幅不要超过 180mil。

（3）平面分割：为了不使阻抗突变，所有属于 DDR 的信号线不允许有跨分割的现象，即不允许信号线穿越不同的电源平面。

（4）等长要求：有关要求如下。

① GA～GD 组中数据线及 DQSP、DQSM 之间的线长误差控制在 5～50mil（速率越高，要求越严格）；每个组内的 DQSP、DQSM 差分对内误差控制在 5mil 以内；组与组的数据线不一定要求严格等长，但是尽量靠近，控制在 120mil 以内。

② GE、GF、GH 组的信号线的线长误差控制在 100mil 以内，时钟差分需要控制对内误差 5mil。

LPDDR2 的等长要求如表 14-5 所示。

表 14-5　LPDDR2 的等长要求

类　别	状　态	误 差 要 求	
数据线	GA：D0～D7、DQM0、DQS0P、DQS0M	5～50mil	GA、GB、GC、GD 两两组之间误差为 120mil 差分对内 5mil
	GB：D8～D15、DQM1、DQS1P、DQS1M	5～50mil	
	GC：D16～D23、DQM2、DQS2P、DQS2M	5～50mil	
	GD：D24～D31、DQM3、DQS3P、DQS3M	5～50mil	
地址线	GE：ADDR0～ADDR14	100mil 以内	GE、GF、GH 三组一起等长 差分对内 5mil
控制线	GF：WE / CAS / RAS / CS0 / CS1 / CKE0 / CKE1 / ODT0 / ODT1 / BA0 / BA1 / BA2	100mil 以内	
时钟线	GH：CLK、CLKN	100mil 以内	

（5）VREF 的处理：VREF 尽量靠近芯片；VREF 走线尽量短，且与任何数据线分开，保证其不受干扰（特别注意相邻上下层的串扰）；VREF 只需要提供非常小的电流（输入电流大概为 3mA）；每一个 VREF 管脚都要靠近管脚加 1nF 旁路电容（每路电容数量不超过 5 个，以免影响电源跟随特性）；线宽建议不小于 10mil。

（6）保证平面完整性：DDR 部分的平面完整性会直接影响 DDR 性能及 DDR 兼容性；在设计 PCB 的时候，注意过孔不能太近，以免造成平面割裂，一般推荐两孔中心间距大于 32mil，两孔之间可以穿插铜线，如图 14-22 所示。

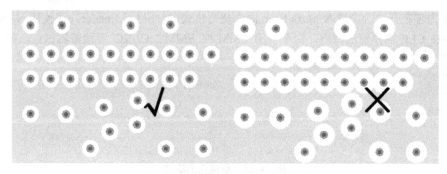

图 14-22　LPDDR2 的平面完整性

14.5.4　存储器 NAND Flash / EMMC 的设计

1. 原理图

RK3288 支持 NAND Flash、EMMC 等 Flash 存储设备。使用 NAND Flash 时，控制器及颗粒供电 VCC_FLASH 为 3.3V。而不同版本的 EMMC，控制器及颗粒供电 VCC_FLASH 可能为 1.8V（EMMC4.1 以上）或者 3.3V，设计时根据 Datasheet 调整并修改。FLASH0_VOLTAGE_SEL 默认 3.3V 时下拉到 GND，1.8V 时上拉到 VCC_FLASH，如图 14-23 所示。

图 14-23　FLASH0_VOLTAGE_SEL 上拉状态

 小 助 手 提 示

（1）EMMC 在使用中，建议 VCC_FLASH 使用 1.8V 供电，才能稳定跑高速。

（2）FLASH1 通道不支持 EMMC Flash。

（3）Boot 默认由 FLASH0 通道引导，不可修改。

EMMC 默认为 1.8V LDO 供电，如图 14-24 所示，可兼容 EMMC4.1 以下颗粒，可以使产品备料范围更广。

图 14-24　EMMC 供电兼容

为了方便在开发阶段进入 Mask Rom 固件烧写模式（需要更新 Loader），在使用 NAND Flash 时 FLASH_CLE 需预留测试点，而在使用 EMM 时 EMMC_CLKO 要预留测试点，如图 14-25 所示。

图 14-25　测试点的添加

2. PCB 部分

（1）NAND Flash 与 EMMC 一般通过双布线兼容设计，如图 14-26 所示。EMMC 芯片下方在敷铜时，焊盘部分需要增加敷铜禁布框，避免铜皮分布不均匀影响散热，导致贴片时出现虚焊现象。

（2）走线尽量走在一起，并包地处理，空间准许的情况下可以等长处理，误差不要超过±100mil，以提高 EMMC 的稳定性和兼容性。

（3）EMMC 处为 BGA 为 0.5mm 的 Pitch 间距，为了避免局部使用较小的线宽和间距提高整体生产难度及成本，无用的焊盘可以通过改小的办法出线，如图 14-26 所示。

图 14-26　EMMC 的出线方式

14.5.5　CIF Camera / MIPI Camera 的设计

DVP 接口电源域为 DVPIO_VDD 供电，实际产品设计中，需要根据产品 Camera 的实际 IO 供电要求，选择对应的供电电路（1.8V 或 2.8V），同时 I2C 上拉电平必须与其保持一致，否则会造成 Camera 工作异常或无法工作，如图 14-27 所示。

为了避免在实际产品中因 Camera 走线过长而造成时序问题，引起数据采集异常，需要增加如图 14-28 所示的 RC 延迟电路，同时在布线时走线尽量短。注意时钟信号的流向，对应的元件靠近信号输出端放置，PCLK 上的电容靠近主控，电阻靠近 Camera，MCLK 上的电容靠近 Camera，电阻靠近主控。

图 14-27　DVPIO_VDD 供电　　　　　　图 14-28　RC 延迟电路

Camera 信号走线 CIF_D2～D9 需按 3W 原则要求走线；为抑制电磁辐射，建议于 PCB 内层走线，并保证走线参考面连续完整；走线尽量少换层，因为过孔会造成线路阻抗的不连续；并做好整组包地。

CIF_CLKI、CIF_CLKO 时钟走线，单独包地处理，包地线每隔 50～100mil 放置地过孔，并远离其他高速信号线，如图 14-29 所示。

数据线和 MCLK、PCLK、HSYNC、VSYNC 的走线需等长，误差越小越好。

14.5.6　TF / SD Card 的设计

TF Card 电路兼容 SD2.0 / 3.0，模块供电为输出可调的 VCCIO_SD，默认为 3.3V 供电。TF 为经常插拔的接口，建议增加 ESD 元件，如图 14-30 所示。

图 14-29　Camera 的包地处理

图 14-30　TF 的 ESD 元件

TF 卡座 VCC_SD 电容 C193、C194 布局时靠近卡座管脚放置。走线尽量与高频信号隔开，尽量整组包地处理。如果有空间的话，CLK 建议单独包地。TF Card 走线要求信号组内任意两条信号线的长度误差控制在 400mil 以内，否则会导致 SD3.0 高速模式下频率跑不高。

RK3288 平台上，TF Card 的 PCB 布线长度尽量控制在 14.4in 以内，在结构设计及布局上要考虑这一点，以提高 SDIO 的稳定性和兼容性。

布局布线时，注意信号线要先经过 ESD 元件之后再进行引出，如图 14-31 所示。

图 14-31　TF ESD 元件的处理

14.5.7 USB OTG 的设计

RK3288 共有 3 组 USB 接口，其中一个为 USB OTG，两个为 USB HOST。USB OTG 可以通过检测 USB_VBUS、USB_ID 信号，配置为 Host 或者 Device 功能，支持 USB2.0 / 1.1 规范。此实例支持一个 USB OTG。

USB 控制器参考电阻 R60、R61 请选用 1% 精度的电阻，参考电阻关系到 USB 眼图的好坏。USB 具有高达 480Mbps 的传输速率，所以差分信号对线路上的寄生电容非常敏感，因此要选择低结电容的 ESD 保护元件，结电容要小于 1pF。同时，为抑制电磁辐射，可以考虑在信号线上预留共模电感，在调试过程中根据实际情况选择使用电阻或者共模电感，如图 14-32 所示。

图 14-32　USB OTG 的设计

布线注意事项如下。

（1）USB 差分走线越短越好，综合布局及结构进行调整。

（2）DP / DM 90 欧姆差分走线，严格遵循差分走线规则，对内误差满足 5mil。

（3）为抑制电磁辐射，USB 建议在内层走线，并保证走线参考面是一个连续完整的参考面，不被分割，否则会造成差分线阻抗的不连续，并增加外部噪声对差分线的影响。空间充足的情况下进行包地处理。同时，尽量减少换层过孔，因为过孔会造成线路阻抗的不连续，实在需要的时候建议在打孔换层处放置地过孔。

（4）ESD 保护元件、共模电感和大电容在布局时应尽可能靠近 USB 接口摆放，走线先经过 ESD 元件及共模电感之后再进入接口，如图 14-33 所示。

图 14-33　USB OTG ESD 元件的处理

（5）USB2.0 规范定义的电流为 500mA，但是 USB_VBUS 走线最好能承受 1A 的电流，以防过流。如果是在使用 USB 充电的情况下，USB_VBUS 走线要能承受 2.5A 的电流。

14.5.8　G-sensor / Gyroscope 的设计

G-sensor / Gyroscope 的 VCC Supply 和 VCCIO Supply 的电源域可能不一样，请确保 I2C1 总线上拉电源与 G-sensor / Gyroscope 的 VCCIO Supply 一致，否则需要进行电平匹配处理，如图 14-34 所示。

图 14-34　G-sensor / Gyroscope 电平

G-sensor / Gyroscope 一般放置在板子的偏中心位置，不要太靠边，不然会影响其灵敏性。

G-sensor / Gyroscope 在布局的时候，第 1 脚方向一般有一定的要求，如都朝左上角放置，这主要是看公司的习惯，建议与 RK 提供的 SDK 保持一致，方便软件调试。

14.5.9　Audio / MIC / Earphone / Speaker 的设计

1．Audio（音频）的设计

Codec I2S 接口电源域为 APIO4_VDD 供电，实际产品设计中，需要根据 Codec 的实际 IO 供电要求，选择对应的供电电路（1.8V 或 3.3V），同时 I2SC 上拉电平必须与其保持一致，否则会造成 Codec 工作异常或无法工作，此实例选择 3.3V（VCC_IO），如图 14-35 所示。

图 14-35　APIO4_VDD 供电

PCB 设计注意事项如下。

（1）Codec 布局时应靠近连接座放置，走线尽可能短。

（2）为了保证供电充足，Codec 各路电源走线线宽要求大于 15mil，VCC_SPK 走线线宽要求大于 30mil。

（3）Codec 各输入、输出信号包括 HP OUT、LINE IN、LINE OUT、MIC IN、SPDIF、SPEAKER OUT 等信号，为避免信号间串扰引起的输出失真及噪声，均需要进行包地处理（包地处理应包括同层包地与邻层包地），并与其他数字信号隔离。

（4）音频走线为模拟线，HP OUT 信号线宽建议大于 15mil，LINE IN / OUT 信号线宽建议大于 10mil。

（5）MIC IN 信号比较敏感，为避免引入噪声，MIC 的耦合电容要靠近 Codec 端放置，如图 14-36 所示。

图 14-36　MIC 耦合电容的放置

2．MIC（咪头）的设计

MIC 根据所选型的驻极体麦克风规格，选择合适的分压电阻 R101、R106，如图 14-37 所示。

图 14-37　MIC 分压电阻的选择

布线时，MIC1P 与 MIC1N 差分走线加粗到 10～12mil，并且尽量立体包地处理，尽量远离高速线，减少对其的干扰。

3．E（耳机）的设计

耳机的设计如图 14-38 所示。

耳机信号走线同样属于音频信号，LOUT、ROUT 左、右声道走线需要加粗处理，类似于差分走线，并且立体包地，尽可能地避免其他走线对其的干扰，如图 14-39 所示。

4．Speaker（喇叭）的设计

为抑制功放电磁辐射，需把功放到喇叭的走线缩短，并加粗，尽量少走弯角。为避免噪声干扰，建议差分走线，线宽大于 20mil，线距小于 10mil，并在靠近喇叭输出端预留 LC 滤波电路，如图 14-40 所示。

图 14-38　耳机的设计

图 14-39　耳机信号走线

图 14-40　Speaker 的设计

14.5.10　WIFI / BT 的设计

（1）RK3288 支持 SDIO3.0 接口的 WIFI / BT 模块，采用 SDIO、UART 接口的 WIFI / BT 模块时，需要注意 RK3288 SDIO、UART 控制器的供电 APIO3_VDD 要与模块 VCCIO Supply 一致，如图 14-41 所示。

图 14-41　APIO3_VDD 供电

在 SDIO3.0 情况下，APIO3_VDD 供电必须为 1.8V。

（2）请注意 WIFI 需选择 ESR 小于 60ohm、频偏误差小于 20ppm 的晶振。对于晶振的匹配电容，请根据晶振规格选择合适的电容值，避免频偏太大而出现的工作异常（如热点数较少等），如图 14-42 所示。

（3）预留 SDIO 上拉电阻，当 WIFI 使用 SDIO3.0 时，上拉电阻（图 14-43 所示）贴片可提高信号质量。

图 14-42　晶振的选择　　　　　　　　　　图 14-43　SDIO 上拉电阻

（4）AP6×××的 VBAT 供电电压范围为 3.0～4.8V，供电电流最小为 400mA，布线时要注意。

（5）WIFI / BT 模块属于易受干扰的模块，PCB 布线时注意远离电源、DDR 等模块，在空间充足的情况下，建议添加屏蔽罩，如图 14-44 所示。

图 14-44　WIFI / BT 模块的屏蔽罩

（6）模块的 VBAT 和 VDDIO 的电源脚 4.7μF 去耦电容 C272、C283 需靠近模块放置，并尽可能与模块摆放于同一平面。模块内部电源的电感 L12 和电容 C286 需靠近模块放置，走线线宽大于 15mil，如图 14-45 所示。

图 14-45　电感与电容的放置

（7）SDIO 走线作为数据传输走线，需尽可能平行，并进行整组包地处理。如果有空间的话，CLK 建议单独包地。需避免靠近电源或高速信号布线。同时，信号组内任意两条信号线的长度误差控制在 400mil 以内，尽量等长，否则会导致 SDIO3.0，高速模式下频率跑不高。SDIO 走线处理如图 14-46 所示。

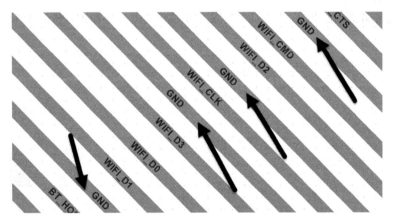

图 14-46　SDIO 走线处理

（8）如图 14-47 所示，同样是为了避免干扰，模块下方第一层保持完整的地，不要有其他信号走线，其他信号走线尽量走在内层。

图 14-47　WIFI / BT 模块的地平面处理

（9）晶振本体下方保持完整的地，不要有其他信号走线，晶振管脚要有足够的地过孔进行回流，如图 14-48 所示。

图 14-48　晶振的处理

（10）天线及微带线宽度设计需考虑到阻抗，阻抗严格为（50±10）ohm。走线下方需有完整的参考平面作为 RF（射频）信号的参考地，天线布线越长，能量损耗越大，因此在设计时，天线路径越短越好，不能有分支出现，不能打过孔。图 14-49 所示为 WIFI / BT 天线错误的走线方法。天线走线需转向时，不可以用转角的方法，需用弧形走线。图 14-50 所示为 WIFI / BT 天线正确的走线方法。

图 14-49　WIFI / BT 天线错误的走线方法

图 14-50　WIFI / BT 天线正确的走线方法

14.6 MID 的 QA 要点

一个好的产品设计需要各方面验证。原理、PCB、可生产性等在设计过程中难免会出现纰漏，处理完前述步骤之后需要对所设计的文件进行一次 QA 检查。下面列举 RK 系列 MID 产品常见的问题，方便读者对自身所设计的文件进行检查，减少问题的产生，提高设计及生产效率。

14.6.1 结构设计部分的 QA 检查

结构设计部分的 QA 检查如表 14-6 所示。

表 14-6 结构设计部分的 QA 检查

类　别	检 查 内 容	Y / N
结构设计要求	PCB 板框是否和 DXF 文件相符？定位孔数量、大小、位置是否正确？	
	按键、SD 卡座、拨动开关、耳机座、USB 座、HDMI 座、MIC 等能否和 DXF 结构图核对上？是否有偏位？正反是否正确？电池、马达焊点分布距离是否合理？	
	摄像头、TP、屏等排座的脚位是否和客户的要求一致？	
	结构上的限高要求，布局上是否都满足？	
	所有的 IC 第 1 管脚是否在 PCB 上标示明确？	
	易受干扰区域，若需屏蔽罩，屏蔽罩的位置是否有预留？	

14.6.2 硬件设计部分的 QA 检查

硬件设计部分的 QA 检查如表 14-7 所示。

表 14-7 硬件设计部分的 QA 检查

类　别	检 查 内 容	Y / N
硬件设计要求	原理图是否检查悬浮网络、单端网络、元件位号及管脚号重复？存在的是否可接受？	
	所有三极管和 MOS 管脚位封装是否正确？	
	叠层设计是否考虑 PI、SI？	
	电源、RF、差分及差分等长、阻抗线、DDR 走线及等长、T 点等电气约束规则是否已经规范？	
	PCB 能否添加 Mark 点规范？是否添加测试架测试点？	
	整体布局是否按照信号流向进行？是否合理？	
	BGA 及大的 IC 布局是否考虑返修？间距是否大于或等于 1mm(最好 2mm)？需后焊的元件、背面元件不要靠得太近，是否有大于或等于 1.5mm 的间距（留有烙铁头的位置）？	
	摄像头、TP、屏、USB 座、G-sensor、MIC 头等有方向排座的脚位和方向是否正确？尤其是插座是否有放反的情况？	

类　别	检查内容	Y / N
硬件设计要求	对于散热要求比较高的芯片（PMU、蓝牙芯片等），散热焊盘上是否添加散热大过孔？过孔是否开窗处理？	
	MIC、红外头、接插件等穿板后焊的管脚焊盘是否采用散热良好的花焊盘连接方式？	
	设计是否满足工艺能力要求（最小线宽 4mil，最小过孔 0.2mm / 0.4mm）？	
	重要电源载流考虑是否合理？[VDD_LOG、VDD_ARM、VCC_DDR、ACIN、VSYS 及 USB 供电等大于或等于 2mm，过孔至少 4 个（0.3mm / 0.5mm）。其他电源按照通用原则：表层 20mil 过载 1A，内层 40mil 过载 1A，0.5mm 过孔过载 1A 电流。]	
	耳机左、右声道是否包地、处理好屏蔽？摄像头的 MCLK 和 PCLK 中间是否用地隔离？HDMI、LVDS 差分及 MIC 等敏感走线是否尽量采用包地处理？复位信号是否添加静电元件？	
	WIFI / BT 天线 50 欧姆阻抗线是否遵循走线最短、圆弧处理原则？信号焊盘和地焊盘间距是否保持 3mm？离板边是否有 1mm，方便电烙铁焊接？	
	摄像头排线是否远离数据干扰区和电源功率电感？	
	是否进行 DRC，存在的 DRC 报错是否可以接受？容易短路的位置是否添加丝印白油？	

14.6.3　EMC 设计部分的 QA 检查

EMC 设计部分的 QA 检查如表 14-8 所示。

表 14-8　EMC 设计部分的 QA 检查

类　别	检查内容	Y / N
EMC设计要求	相邻信号层信号走线是否正交布线？若平行走线，是否错位？	
	打孔换层的地方 50mil 范围之内是否添加回流地过孔？	
	对敏感信号是否进行地屏蔽处理？射频线周边屏蔽地过孔、割铜是否平滑无尖角？时钟线、DDR 高速线、差分线对、复位线及其他敏感线路是否满足 3W 设计？	
	是否已确保没有由于过孔过密或较大造成较长的地平面裂缝？电源层是否相对地层内缩、考虑 20H？	

14.7　本章小结

　　本章选取了一个进阶实例，是为进一步学习 PCB 技术的读者准备的。一样的设计流程，一样的设计方法和分析方法，让读者明白，其实高速 PCB 设计并不难，只要分析弄懂每一个电路模块的设计，就可以像庖丁解牛一样，不管是什么产品、什么类型的 PCB 都可以按照"套路"设计好。

第15章

常见问题解答集锦

为了最大限度地解决读者在学习 Altium Designer 中遇到的各种各样的问题，本书特别开设本章，对学习过程中常见的问题进行搜集整理，让读者从问题中学习，从问题中深思，从问题中掌握技能。

作者通过多年对网友问询的整理与搜集，重点列出设计中常见的 42 个问题，以问答的形式展现给读者，以便读者形象和生动地吸收所学的内容。因为问题是通过积累而来的，作者也在 PCB 联盟网开设了"凡亿 PCB 百问百答"的专贴，欢迎读者去提问或学习更多的知识，当问题积累到一定的量时，我们也会进行汇总学习。

本章不设问答逻辑顺序，按照各位网友提问时间的先后顺序进行搜集。

 学习目标

➢ 养成整理、搜集及记录问题的习惯
➢ 掌握常见问题的解决办法

1. 问：怎么快速切换层？层是否可以单层显示快速切换？

答：（1）Altium Designer 自带快捷键中可以使用快捷键"*"切换，这只能依次切换，切换完一层后只能在切换完其余所有层之后才能再次回到当前层。

（2）使用小键盘中的"+"和"−"键，可以来回切换，比较方便。

（3）执行"Ctrl+Shift+鼠标滚轮"，也可以来回切换。

（4）使用快捷键"Shift+S"，切换单层显示和多层显示。

（5）执行"Customize"命令，自定义快捷键进行切换，如图 15-1 所示。

2. 问：如图 15-2 所示，PCB 中如何放置镂空字体？

答：执行菜单命令"Place-String"（快捷键"PS"），放置需要放置的文字，双击变更

图 15-1　自定义切换层快捷键

字体属性，如图 15-3 所示，即可完成镂空字体的放置。

（1）Properties：输入需要放置的文字。

（2）Font-TrueType：选择可以显示中文的格式。

（3）Inverted：镂空字体设置选项，需要进行勾选。

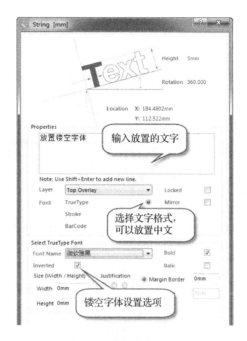

图 15-2　镂空字体

图 15-3　字体属性设置

3．问：PCB 文件怎么导出 DXF 文件？

答：结构工程师需要 DXF 文件来进行结构定位或者结构核对。Altium Designer 有很好的导出功能，打开 PCB，执行菜单命令"File-Export-DXF / DWG"，设置导出版本、格式、单位、导出层等导出属性，即可完成 DXF 文件的导出，如图 15-4 所示。

（1）AutoCAD Version：选择导出的 CAD 版本，一般默认就好。

（2）Format：可选 DWG 和 DXF 格式。

（3）Units：单位，一般选择 mm。

（4）Layers：可以选 All 和 Currently Visible Layers。All 表示的是把 PCB 上所有层的东西都进行导出。Currently Visible Layers 表示的是把当前可视层进行导出，比如只需要 TOP 层的 DXF 文件时，可以按快捷键"L"，关闭其他层，只剩下 TOP 层，然后再执行 DXF 文件导出，选择此项即可。

4．问：Altium Designer PCB 中任意角度走线的设置方法是什么？

答：（1）在 PCB 设计交互界面中，执行菜单命令"DXP-Preferences-PCB Editor"，或者按快捷键"TP"，找到"Interactive Routing"选项，把"Restrict To 90 / 45"处于非使能状态，再回到 PCB 设计交互界面中就可以任意角度走线了，如图 15-5 所示。

（2）在走线状态下按快捷键"Shift+空格"，进行切换。

图 15-4　DXF 文件的导出设置

图 15-5　任意角度走线的设置

5．问：Altium Designer 有没有像 PADS 一样可以进行 PCB 对比的功能？

答：有，可以直接执行"Show Differences..."命令，对比两者之间的差异。

（1）添加需要对比的两个 PCB（如"DEMO.PcbDoc"和"Demo-B.PcbDoc"）到统一工程目录下。

（2）在其中一个 PCB 文件上单击鼠标右键，执行"Show Differences..."命令，如图 15-6 所示。

（3）在对比对话框中按图 15-7 所示，选择"Advanced Mode"，在左、右复选框中选择需要对比的 PCB，单击"OK"按钮。

图 15-6 "Show Differences…"命令

图 15-7 对比选择

（4）操作完成后，可以在列表中很明显看出两者的差异，包含网络差异、封装差异等，如图 15-8 所示。如果需要更新存在的差异，可以按照前文介绍的网表导入法执行更新。

图 15-8 差异对比列表

6．问：如何关闭烦人的坐标信息？

答：如图 15-9 所示，在绘制 PCB 时，总是弹出下边信息的窗口，可以按快捷键"Shift+H"，进行关闭与显示的切换。

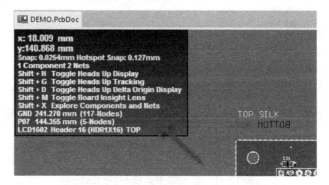

图 15-9 坐标信息的显示

7．问：如图 15-10 所示，无意中按出来放大镜，影响操作，怎么关闭？

答：按快捷键"Shift+M"取消。

图 15-10　放大镜

8．问：怎样在 PCB 上添加公司的名称或 Logo？

答：可以在 PCB 上直接添加文字或者图片 Logo。

（1）执行菜单命令"Place-String"，放置文字，并设置放置的层，常规放置到丝印层，如果需要的是铜字，则放置到 TOP 层，并且在 Top Solder 层进行重复放置。

（2）图片 Logo 的放置方法可以参考前文介绍的"PCB 文件中的 Logo 添加"相关内容。

9．问：布线的时候怎么在不停止布线的情况下添加过孔？快捷键是什么？

答：Altium Designer 中在走线状态下自带快捷键"2"，可以快速放置过孔。

10．问：单击走线在结束时可不可以自动 Finish？是否需要鼠标再单击才能结束？

答：可以，如图 15-11 所示，执行菜单命令"DXP-Preferences-PCB Editor-Interactive Routing"，勾选"Automatically Terminate Routing"、"Automatically Remove Loops"、"Remove Net Antennas"。

图 15-11　自动结束走线和移除回路

11．问：什么是过孔盖油？Altium Designer 中怎么设置过孔盖油？

答：（1）过孔盖油是指过孔的环必须保证油墨的厚度，重点管控的是环不接受假性露铜和孔口油墨。图 15-12 所示为盖油与非盖油对比图。

图 15-12　盖油与非盖油对比图

（2）双击过孔，进入过孔属性设置窗口，如图 15-13 所示，勾选"Force complete tenting on top"与"Force complete tenting on bottom"，即可完成盖油设置。可以选中所有过孔，全局操作勾选盖油选项。

图 15-13　过孔盖油属性设置

12．问：不管怎么敷铜，铜皮都无法和焊盘进行连接，这怎么办？

答：（1）确认是否为同一网络。

（2）敷铜设置窗口中选择"Pour Over All Same Net Objects"，如图 15-14 中上图所示。

（3）查看规则约束管理器中铜皮间距规则是否设置过大。

（4）查看规则约束管理器中铜皮连接方式是否选择"No Connect"，如果是请一一更改，如图 15-14 中下图所示。

图 15-14　敷铜处理方式

13．问：Altium Designer 中如何让网格显示成点状，而不是显示成格子状？

答：按快捷键"Ctrl+G"，进入网格设置窗口，如图 15-15 所示，将"Display"选项中的"Fine"和"Coarse"都变更成"Dots"。

图 15-15　网格的设置

14．问：Altium Designer 中在更新原理图时，怎么把之前设置的一些类和区域规则保留？

答：在 PCB 设计时，会根据 PCB 设计的一些情况，设置相对应的规则和区域，但是因为原理图中没有设置，在原理图和 PCB 比对更新时不能把这些规则和区域去掉。如图 15-16 所示，在执行更新时，在属于类和区域的地方把前面的钩去掉，就可以满足要求。

图 15-16　更新管理

15．问：Mark 点的作用是什么？Altium Designer 中 Mark 点的放置有哪些要求？

答：（1）Fiducial Mark 俗称 Mark 点，是电路板设计中 PCB 应用于自动贴片机上的位置识别点，可以是正方形的，也可以是圆形的。在一块 PCB 上面，所设计的 Mark 点必须为统一规格的，以便于机器识别。

（2）PCB Mark 点要求距离板长边大于或等于 5mm，距离板短边大于或等于 5mm。Mark 点焊盘外延 2mm 内要求无绿油，外侧镶上铜框用以保护 Mark 点焊盘，如图 15-17 所示。

16．问：在做异形板子时经常遇到如图 15-18 所示的固定元件方式，如何设置一个元件旋转角度达到这种目的？

图 15-17　Mark 点

答：可以设置一个任意旋转角度。执行菜单命令 "DXP-Preferences-PCB Editor-General"，在 "Rotation Step" 处设置 "1"，退出设置状态，选择元件，按空格键旋转到当前的位置即可，如图 15-18 所示。

17．问：DXP 怎么进行拼版设置？

答：所谓拼版，其实是把一个单板拼凑成一个大板，留有 V-Cut、工艺边、邮票孔等工艺间距，放置固定孔和光学定位点。之前很多网友的做法是把板子完完整整地复制一遍，其实没有必要，只需要把板框按照要求复制出来，然后由制板厂完成 Gerber 拼版即可。DXP 的快速拼版如图 15-19 所示。

图 15-18　任意角度的旋转

红色箭头为固定孔
白色箭头为光学定位点
黄色箭头为5mm工艺边

图 15-19　DXP 的快速拼版

18．问：Altium Designer 中板内有圆弧的挖空，挖空线宽等于 0.1mm，输出的 Gerber 文件里面没有这条线，请问是什么原因？

答：Keepout 绘制的元素有两种属性，即既做"禁布"属性，又做"元素"属性（这种情况在 Gerber 文件输出时可以输出图形）。

如图 15-20 所示，勾选"Keepout"时，只做"禁布"属性，Gerber 文件输出时，不输出图形。如果想输出图形，请记得把这个地方的钩去掉，或者建议直接放置钻孔，避免出错。

19．问：Altium Designer 中电源层划分出来不同区域电源，怎么能显示出不同颜色？

答：这可以按照前文提到的"网络及网络类的颜色管理"设置对应网络的颜色，然后按"F5"键打开颜色开关即可，如图 15-21 所示。

20．问：Altium Designer 中怎么截断已经完成的走线或删除某局部总线？

答：如图 15-22 所示，Altium Designer 自带截断命令，执行菜单命令"Edit-Slice Tracks"，或者按快捷键"EK"，可以截断走线，在截线状态下按"Tab"键，可以更改截线的宽度。

图 15-20　Keepout 属性设置

图 15-21　负片的颜色管理

图 15-22　走线的截断及宽度设置

21．问：过孔中间层的削盘怎么处理？

答：有时候为了增大内层的敷铜面积，特别是 BGA 区域，尤其在高速串行总线日益广泛的今天，无论是 PCIE、SATA 串行总线，还是 GTX、XAUI、SRIO 等串行总线，都需要考虑走线的阻抗连续性及损耗控制，而对于阻抗控制，主要是通过减少走线及过孔中的 Stub 效应对内层过孔进行削盘处理。

过孔的削盘处理如图 15-23 所示，双击过孔，设置其属性，选择"Top-Middle-Bottom"模式，把内层焊盘的大小设置为"0"即可，多选择过孔的话可以批量处理。

图 15-23　过孔的削盘处理

22．我公司有很多个原理图和 PCB 库文件，都是其他同事各自用自己的，说实话这样很不规范。我这个项目比较大，原理图已经画好，但是 PCB 封装不全，有些封装其他人用过，怎样把其他人的库文件都整合到一个库里面并且去掉重复的？

答：（1）打开每个 PCB 库，在右下角执行"PCB-PCB Library"，进入 PCB Library 操作界面。

（2）按快捷键"Ctrl+A"，全选所有的库，单击鼠标右键，执行"Copy"命令，然后在另外一个库中单击鼠标右键，执行"Paste N Components"命令，重复 PCB 库会带一个"-DUPLICATE"，可以选中执行"Delete"命令删除，如图 15-24 所示。

图 15-24　PCB 库的复制、粘贴、删除

23．问：什么是邮票孔？Altium Designer 中怎么画邮票孔？注意事项是什么？

答：（1）主板和副板有时候需要筋连接，为了便于切割，在筋上面会开一些小孔，类似于邮票边缘的那种孔，称为邮票孔。

（2）常用做法：放置孔径为 0.5mm 的非金属化孔，邮票孔中心间距为 0.75mm，每个位置放置 4 或 5 个孔。邮票孔如图 15-25 所示，在后期可以很容易折断分板。

24．问：Altium Designer 中怎样报告统计板上的 Pin 点数（包括原理图和 PCB）？

答：（1）PCB 中：执行菜单命令"Reports-Board Information..."，或者按快捷键"RB"，可以对 PCB 的相关信息进行统计，图 15-26 中"Pads"处的数量就是 Pin 点数，这里是 213 个焊点数。

图 15-25　邮票孔　　　　　　　　　图 15-26　PCB Information

（2）原理图中：在原理图页，执行菜单命令"Tools-Parameter Manager..."，使能"Pins"选项，其他都不进行勾选，并选择适配整个工程"All Objects"，报告出来的数量即 Pin 点数，如图 15-27 所示。

图 15-27　原理图的 Pin 点数统计

25．问：Altium Designer 中如何进行原理图重新编号、PCB 元件移位？

答：原理图元件和 PCB 执行匹配的时候不仅是位号的匹配，更重要的是有一个唯一的元件 ID 与之对应，可以利用这点对齐进行更新保持元件的位置。

（1）在 PCB 设计交互界面中，执行菜单命令"Project-Component Links..."，如图 15-28 所示进行元件匹配。

（2）正常执行更新即可实现元件位号的更新而不移位。

图 15-28　元件关联（匹配）

26．问：Altium Designer 用 Smart PDF 生成 PDF 只能生成一角是怎么回事？

答：Smart PDF 存在局部输出和全局输出，如图 15-29 所示，"Entire Sheet"表示进行整页输出，"Specific Area"表示进行局部输出。如果遇到只输出一角或局部的情况，请检查输出范围。

图 15-29　打印输出范围设置

27．问：如何在 Altium Designer 中导出过孔图表时描述分别用了几种孔径、是 PTH 还是 NPTH，以及每种图示和数量？

答：首先介绍方法 1。执行菜单命令"Place-String"，在"Drill Drawing"层放置".legend"字符，在 Gerber 文件输出时可以对孔符图进行输出，如图 15-30 所示。

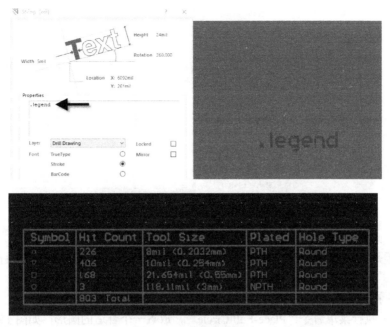

图 15-30　孔符图的输出

再介绍方法 2。在 PCB 设计交互界面的右下角执行命令"PCB-PCB-Hole Size Editor"，进入钻孔编辑器，如图 15-31 所示，可以看到其相关的数量和属性统计。

图 15-31　钻孔编辑器

28．问：Altium Designer 中调整丝印，怎么全部居中设置？

答：选中需要调整丝印的元件，按快捷键"AP"，或者执行"Position Component Text…"命令（如图 15-32 中左图所示），可以排列元件的"Designator"和"Comment"，这里单选如图 15-32 中右图所示的中心位置即可。

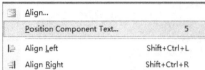

图 15-32　元件丝印的排列

29．问：画线时不能抓取选择其他层画线的问题怎样处理？

答：原因是抓取未切换到位，可以按快捷键"Shift+E"进行抓取切换，之后再进行走线及其他操作。

30．问：在 TOP 层露一个圆形的铜皮，请问怎么实现？

答：（1）执行菜单命令"Place-Full Circle"，放置一个合适的圆形，如图 15-33 中上图所示。

（2）选中此圆形，执行菜单命令"Tools-Convert-Create Region from selected Primitives"，如图 15-33 中下图所示。

（3）把创建的 Region 放置到 Solder 层。

图 15-33　Region 的创建

31．问：如图 15-34 中左图所示，经常遇到元件在可视范围外的情况，请问怎么把可视范围外的元件或走线挪动到可视范围内？

答：（1）全选所有元件。

（2）按快捷键"S"，执行"Outside Area"命令（如图 15-34 中右图所示），在按住"Shift"键的同时框选可视范围内的元件，这样可以单独选中可视范围外的元件，利用快捷键"MS"，把选中的元件移动出来，或者利用之前模块化布局中讲过的命令"Arrange Components Inside Area"调出来。

图 15-34　可视范围外元件或走线的挪动

32．问：元件坐标的导出、导入与布局的复制是如何进行的？

答：元件坐标其实在处理布局的时候非常有用，如 A 板布局导入 B 板。

（1）在 A 板 PCB 中执行菜单命令"File-Assembly-Generates Pick and Place File"，对元件坐标进行导出，如图 15-35 所示，选择导出格式和单位。

图 15-35　选择导出格式和单位

（2）在 B 板 PCB 中把所有元件执行解锁操作，执行菜单命令"Tools-Component Placement-Place From File"，输入".txt"后缀，选择刚才 A 板导出的坐标路径，选择导出的坐标文件，如图 15-36 所示，即可完成元件坐标的导入与布局的复制。

图 15-36 元件坐标的导入

33．问：怎样解决填充没有网络的问题？

答：可以按快捷键"Ctrl+H"选中物理连接，按"F11"键可以全局赋予相对应的网络。

34．问：原理图更新进 PCB 的时候，元件一直存在重复更新，解决办法是什么？

答：每个元件会对应一个 ID，ID 重复了会出现此类现象。执行菜单命令"Tools-Convert-Reset Component Unique IDs..."，复位所有的元件 ID，再执行更新，可以解决此问题。

35．问：丝印可不可以通过软件检查是否上焊盘？

答：可以，按快捷键"DR"，进入规则约束管理器，如图 15-37 所示，创建一个丝印到焊盘间距规则，一般设置间距为 2mil。

图 15-37 丝印到焊盘间距规则设置

36．问：如图 15-38 所示，PCB 完成导入后元件总是绿色高亮显示，如何解决？

图 15-38 绿色警告

答：此种问题存在两种情况。

（1）元件变绿。这种情况是由元件放置规则和丝印到焊盘间距规则引起的。按快捷键"DR"，进入规则约束管理器，更改丝印到焊盘间距及元件间距的数值，直到满足要求，如 0～2mil，如图 15-39 中最上面的两张图所示。一般在做库的时候，就要做好规则。这个功能有其实用性，但也不必非得保留，有时会把这个检查关闭，必要的时候可打开，如图 15-39 中最下面的一张图所示。

图 15-39　相关间距规则的更改与取消

（2）IC 管脚变绿。这种情况是由自身封装管脚间距规则引起的。在间距规则中，勾选"Ignore Pad to Pad clearances within a footprint"，可解决这个问题，如图 15-40 所示。

图 15-40　间距规则设置

37. 问：如图 15-41 所示，为什么在封装库里添加封装，但更新原理图的时候显示找不到？

图 15-41　库无法匹配

答：（1）首先检查封装名称是否和 PCB 库中的封装名称对得上。

（2）再检查封装路径是否正确，如果封装被指定路径，但是路径中的 PCB 库被移除了，此时是匹配不上的，可以重新调整封装路径使其重新匹配，如图 15-42 所示。

图 15-42　封装路径匹配

38．问：Altium Designer PCB 中怎样使其单层显示，并且把其他层灰暗处理？

答：采用单层显示模式，执行菜单命令"DXP-Preferences-PCB Editor-Board Insight Display"，如图 15-43 所示，可以选择 3 种单层显示模式，可以通过快捷键"Shift+S"进行切换。

图 15-43　单层显示模式设置

39．问：3D 视图翻转后镜像了，如何快速翻转回来？

答：执行菜单命令"View-Flip Board"，或者按快捷键"VB"。

40．问：PCB 中怎么对位号重排？

答：按快捷键"TN"，进入重新编排窗口，如图 15-44 所示，"Annotate Direction"处可选择编排方式，"Annotate Scope"处可选择应用范围。

41．问：怎么检查 Stub 线头？

答：可以创建一个 Stub 线头检查规则，按快捷键"DR"，进入规则约束管理器，如图 15-45 所示，进行 Stub 线头检查规则设置。

42．问：DXP 中盲孔、埋孔的定义及相关设置是怎样的？

图 15-44　PCB 中的位号重排

图 15-45　Stub 线头检查规则设置

答：（1）埋孔（Buried Via）就是内层间的通孔，压合后无法看到，所以不必占用外层的面积，该孔上下两面都在板子的内层，换句话说是埋在板子内部的。盲孔（Blind Via）用于表面层和一个或多个内层的连通，该孔有一边是在板子的一面，通至板子的内部为止。

（2）按快捷键"DK"，进入叠层管理器，如图 15-46 所示，添加钻孔类型，如 TOP-GND02、TOP-ART03、GND02-ART03。

图 15-46　钻孔类型的添加

（3）在放置过孔的时候，设置过孔属性，选择钻孔类型即可，如图 15-47 所示。

图 15-47　设置过孔属性